农业科研院所
科技推广服务的理论与实践
—— 以北京市农林科学院为例

● 黄 杰 陈香玉 赵秋菊 编著

中国农业科学技术出版社

图书在版编目（CIP）数据

农业科研院所科技推广服务的理论与实践:以北京市农林科学院为例/黄杰，陈香玉，赵秋菊编著. --北京：中国农业科学技术出版社，2021.8

ISBN978-7-5116-5408-3

Ⅰ.①农… Ⅱ.①黄…②陈…③赵… Ⅲ.①农业科技推广－研究－中国Ⅳ.①S3-33

中国版本图书馆CIP数据核字（2021）第140375号

责任编辑	姚　欢	
责任校对	马广洋	
责任印制	姜义伟　王思文	

出 版 者　中国农业科学技术出版社
　　　　　北京市海淀区中关村南大街12号邮编：100081
电　　话　（010）82106631（编辑室）（010）82109702（发行部）
　　　　　（010）82109709（读者服务部）
传　　真　（010）82106631
网　　址　http://www.castp.cn
经 销 者　各地新华书店
印 刷 者　北京建宏印刷有限公司
开　　本　170 mm×240 mm　1/16
印　　张　11.75
字　　数　200千字
版　　次　2021年8月第1版　2021年8月第1次印刷
定　　价　60.00元

农业科研院所科技推广服务的理论与实践

——以北京市农林科学院为例

编著委员会

主　　任：李成贵

副 主 任：王春城　王之岭　程贤禄　秦向阳　于　峰

主 编 著：黄　杰　陈香玉　赵秋菊

编著成员：龚　晶　时　朝　梁国栋　周连第　朱　琳

　　　　　左　强　罗长寿　陈　慈　陈俊红

前　言

北京市农林科学院成立于 1958 年。六十多年来，在各级政府的支持和几代农科人的共同努力下，北京市农林科学院现已发展成为学科齐全、设备先进、学术水平高、创新能力强，为都市型现代农业和全国现代农业发展提供有力引领和支撑的综合性科研机构。

北京市农林科学院始终坚持以服务"三农"为己任，一代代农科人不忘初心、砥砺奋进，围绕北京农业不同历史阶段所肩负的使命，积极开展农业科技示范推广工作，先后实施了百村蔬菜品种更新换代工程、涌泉能力建设、"221"行动计划、科技惠农行动计划、科技服务"京郊篇"等一系列示范推广专项，为首都及国家现代农业发展提供了强有力的科技支撑，丰富了首都市民的"菜篮子""米袋子""果盘子"，鼓起了农民的"钱袋子"，体现了农科人的历史担当。特别是"十二五"以来，科技发展进入新时代，全院肩负起创新驱动发展的新使命，满足人民对美好生活的新期待，继续深化科技推广和成果转化工作，构建起双"四极"科技推广服务体系，全面开展市院、院区（县）、院镇（乡）和院企（基地）对接，启动实施"百名专家对接百个基地（双百对接）"工程，进一步促进科研与产业的深度融合，探索出了"农业综合服务试验站—专家工作站—北京科技小院—双百对接基地"4 个层级的农科院特色科技服务模式，为北京农业供给侧结构性改革、京津冀协同发展和乡村振兴战略的实施发挥了积极推动作用。

目前，北京市农林科学院累计建立综合服务试验站 3 个、专家工作站 17 个、科技小院 26 个、示范基地 367 个，农业科技新成果已覆盖全国各省、自治区、直辖市，杂交小麦、鲜食玉米、蔬菜品种和信息化产品等已跨出国门推广到"一带一路"沿线国家。科技成果示范推广工作实现了从立足北京,到服务京津冀、辐射全国、走向世界的跨越。

成绩属于过去,未来任重道远。

近年来,全国农业适度规模经营发展迅速、新型农业经营主体不断壮大,农业生产方式发生了很大转变;现代消费需求的差异性和高品质性推动农业功能不断拓展,促使农业技术需求向多样化和综合性的态势发展,这给农业科研院所的农村科技服务工作提出了更高的要求。中央一号文件连续多年提出农业科研院所开展农村科技服务工作的要求,农业农村部等国家部委也依托高等院所开展重大农技推广试点工作,这些都体现了国家在新的农业发展形势下寄予农业科研院所推动"三农"发展的期许和厚望。因此,农业科研院所如何开展农村科技服务,增强社会服务功能以满足现代农业发展需求和实现院所自身宏伟发展目标,已成为亟待解决的一个重要课题。在此背景下,我们组织编写了《农业科研院所科技推广服务的理论与实践——以北京市农林科学院为例》,以期通过对北京市农林科学院实践经验进行总结,为其他农业科研院所提供有益借鉴。

本书共分十章,分析了国内农业发展形势、国内外农业科技推广体系现状,介绍了北京市农林科学院农业科技推广服务的实践探索,以及农业综合服务试验站、专家工作站、科技小院、双百对接基地和新型职业农民科技培训等的实践路径,客观分析现状,直面存在的问题和不足,通过借鉴国内外的成功经验、有效做法,开展调查问卷和查阅文献资料等,提出有关对策和建议,具有较为明显的前瞻性、科学性和实践性。

本书的顺利完成,凝聚了北京市农林科学院领导和相关单位参与人员的辛勤劳动和集体智慧,在此深表感谢。同时由于时间仓促,书中难免有不足之处,敬请读者谅解。

编著委员会

2021 年 8 月

目　录

第一章

国内农业发展形势

一、我国农业发展新阶段

（一）农业供给侧结构性改革不断深化

自 2004 年起，我国粮食产量实现"十二连增"。近几年，通过主动调整农业种植结构，粮食产量略有下降，但仍连续 6 年稳定在 6 亿吨以上的水平。主要农产品供给充足，保障了国家粮食安全和农产品有效供给，为国民经济平稳健康发展提供了坚实基础。在守住粮食生产能力不降低、农民增收势头不逆转、农村稳定不出问题这"三条底线"的前提下，以市场为导向的农产品价格形成机制逐步建立，农产品价格正在恢复其作为市场信号、调节市场供求的基本属性。相关政府部门通过价格信号来引导农民调整农业种植结构，主要农产品的局部、阶段性过剩问题正在得到缓解。

（二）农业逐步走上高质量发展道路

到 2017 年底，我国农药使用量已连续 3 年负增长，化肥使用量已实现零增长，提前 3 年实现到 2020 年化肥、农药使用量零增长的目标。加强草原生态保护补助奖励、畜禽粪污资源化处理、地膜清洁生产技术推广、地下水超采综合治理以及重金属污染耕地综合治理，农业资源生态保护和面源污染防治取得重大进展。2018 年，我国新建高标准农田 8200 万亩，发展高效节水灌溉面积超过 2000 万亩；耕地轮作休耕试点超过 3000 万亩；农业科技进步贡献率达到 58.3%。农业正在从重视数量向重视质量转变，发展现代农业的物质技术基础不断夯实。

（三）新型农业经营主体日益壮大

我国当前的农业经营体系呈现出以家庭承包经营为基础，混合型、多样化的农业经营组织形式与多元化农业经营主体并存的格局。在上亿从事传统农业经营的小规模农户之外，还不断涌现多种适度规模经营的专业大户、家庭农场、农民专业合作社和农业企业等新型农业经营主体，尤其是农民专业合作社和家庭农场已成为引领适度规模经营、带领农民进入市场的有生力量。农机跨区作业、代耕代种、土地托管、订单作业、"互联网 + 农机作业"等新型服务模式不断涌现，有力保障了我国商品粮安全和商品农产品有效供给。

（四）"现代农业 + 互联网"等新业态快速发展

市场化、商品化导向的现代农业越来越多地与互联网发生关系，互联网成为促进农产品供给与需求有效对接的新型服务平台，有力推动了农产品交易手段和交易方式创新、产销衔接，促进农业生产由生产导向转为消费导向，提高了农业生产经营的科技化、组织化和精细化水平，推进了农业生产、流通、销售方式变革和农业发展方式转变。在现代农业与互联网联系日益紧密的过程中，以农村电商、物流快递等农村生产性服务业为代表的新产业和新业态快速发展，丰富和完善着乡村产业体系，为推动农业高质量发展、促进乡村经济多元化注入强劲新动能。

二、北京市农业发展新特点

（一）农业功能需求日趋多元化

从国家层面看，在京津冀协同发展大背景下，需要北京市率先垂范，将自身打造成国家都市农业引领区、现代农业示范区与高效节水农业样板区。从北京市自身看，现阶段在"疏解整治促提升"的时代背景下，传统农业规模持续调减。北京农业不仅要实现北京市居民需要的农产品部分自足，以及市民对优质安全农产品日益增长的需求，还要满足市民逐渐增强的"养眼、洗肺、休闲"需求；农户需要先进的科技、优良的品种与精良的装备送至田间地头；涉农企业需要农业提供优质原料、先进的生产技术示范平台、及时优质高效的服务、公平竞争的市场环境；政府需要农业在生态保护、应急保障及治理"城市病"中发挥积极作用。

（二）结构调整仍是适应新常态的必然选择

当前，北京市经济社会整体上已经步入后工业化时代与发达城市化阶段，土地及水资源紧缺的"双紧"约束加剧，市场高风险与劳动力高成本的"双高"压力加剧，农业占 GDP 的比重将越来越小，如 2018—2019 年农林牧渔业总产值分别比上年下降 3.7%、5.1%，这都是大都市农村经济发展的必然趋势。新常态下，北京市农业要保证处于发展的良好态势，就必须立足北京自然资源和环境的可承载力，根据建设和谐宜居之都的要求，调结构、转方式，大力发展高效农业、节水农业、生态农业，这是北京农业在科技、资金、人才优势基础上，面临"双紧""双高"压力所应做出的最佳选择。现阶段北京市继续推进以"调粮保菜，做精畜牧水产业"为核心的第五次农业结构调整。

（三）产业融合持续成为农村经济增长点

在北京市建设世界城市的过程中，产业融合的都市现代农业已经成为北京市重要特色产业。根据北京市 2019 年国民经济和社会发展统计公报数据显示，2019 年北京市有农业观光园 948 个，乡村旅游农户（单位）13668 个，农业观光园和乡村旅游农户全年实现收入 37.6 亿元，休闲农业、乡村旅游以及农业会展已经成为山区农民增收的重要抓手。成功举办了世界种子大会、世界葡萄大会、世界马铃薯大会、世界月季洲际大会等国际性农业展会，连续举办 7 届农业嘉年华。第七届北京农业嘉年华累计接待入园游客 110.72 万人次，园区累计实现总收入 4333.39 万元，带动周边各草莓采摘园接待游客量达 253 万人次，销售草莓 195 万千克，实现收入 1.004 亿元，有效带动延寿、兴寿、小汤山、崔村、百善、南邵 6 个镇的民俗旅游，活动期间共计接待游客 55.72 万人次，实现收入 1.03 亿元。目前，北京市农村产业融合速度进一步加快，融合性产业未来仍然是农村经济持续增长点。

（四）非农收入继续成为农民增收最大贡献因素

根据《北京统计年鉴》数据测算，2015—2018 年，北京市农民工资性收入均达到农村居民家庭人均可支配收入的 75% 左右，因此，从农民收入来源看，工资性收入增加仍然是农民人均可支配收入增加的最大贡献因素。以 2018 年为例，北京市农民工资性年人均收入 19827 元，比 2017 年增加 1604 元，对农民增收贡献率达 74.85%；经营净收入 2021 元，比上年减少 331 元，对农民增收贡献率为 7.63%；转移净收入 2920 元，比上年增加 458 元，对农民增收贡献率为 10.43%；财产净收入 342 元，比上年增加 307 元，对农民增收贡献率为 7.09%。农民工资性收入保持较快增长，主要是转移农村劳动力工资水平提高的结果。

（五）乡村振兴带来新的发展机遇

落实党的十九大精神及中央一号文件精神，北京市委、市政府出台了《关于实施乡村振兴战略的措施》，对全市农业农村发展做出了新部署。着力加强"四个中心"功能建设、提高"四个服务"水平、抓好"三件大事"、打好"三大攻坚战"，努力提升城乡规划建设与管理水平、加快乡村高质量发展。这就对科技支撑引领北京市乡村全面振兴的能力和水平提出较高的要求。实现乡村产业兴旺、建设生态宜居乡村、推动乡村人才振兴，都需要依靠科技发挥作用。要加快构建全面支撑乡村振兴的农业农村科技创新体系，为农业全面升级、农村全面进步、农民全面发展提供有力的科技支撑。

三、北京市农业科技服务发展面临新挑战

（一）农业科技服务队伍建设有待加强

据不完全统计，2020 年北京市在京国家级和市级农业科技创新机构 94 家，北京区（县）、镇（乡）两级共设置公益性农技推广机构 262 个，其中乡镇级 187 个，全科农技员岗位 2831 个，专职农业科技服务机构主要有农业技术推广站、水产技术推广站、农业机械监理总站、土肥工作站、畜牧总站、植物保护站、农业机械试验鉴定推广站、动物疫病预防控制中心等，数量众多。然而北京市郊区共有 181 个乡镇，其中 68 个乡镇已纳入中心城、新城及城市组团规划范围。随着城镇化进程的加快，部分乡镇农业体量下降趋势明显甚至消失。因此，在以乡镇为单位设置基层农业推广机构体系下，在城镇化水平较高的乡镇，其内设的农业服务中心机构形同虚设，部分乡镇农业服务资源过剩，服务资源供给与需求不十分匹配，存在科技服务浪费和低效的问题。许多基层农技队伍多年未获得补充与更新，部分比较有发展前景的产业及地区找不到合适的专家配对帮扶，项目实施时间一拖再拖；少数科技服务能力强、经验丰富的专家往往担负着数个项目，往返奔波于各示范点之间，出现"心有余而力不足"的情况；一些中青年科研人员不了解基层，不具备独当一面进行沟通和服务的能力。

（二）农业科技服务综合能力有待提升

北京市当前的农业科技服务内容和模式需要更新，科技成果储备有待加强。在服务内容上，应围绕北京都市现代农业发展新特点，即农业功能需求多样化、农业供需有待有效平衡匹配、产业融合扩大化以及非农收入逐渐降低，及时掌握农村形式和农民需求的变化，进一步加强在高效节水农业、生态农业、休闲农业、"菜篮子"产业、现代种业、优质农产品安全、农产品加工、新业态创造等领域的农业科技创新及示范。在科研成果储备上，新品种、新成果的推出速度缓慢，稳定性不足，老科技成果已不能满足

现代产业的快速发展需要。在服务模式上，现有的农业科技服务模式主要为农民培训、技术咨询、现场展示等，无法充分调动广大农民参与的积极性和主动性。"互联网+"的深入发展，为首都"三农"工作的推动和开展带来了新契机，农业科技服务模式应打破传统思路，大胆创新，从服务对象、服务方式至体系的建设都需更新升级。

（三）农业科技服务受体信息素养水平有待提高

近年来，北京市积极发展设施农业、高效农业、工厂化农业等科技含量较高的农业，这就对农业从业者使用信息的能力有了较高的要求。据北京市第三次全国农业普查统计数据显示，2016年北京市农业生产经营人员有53.0万人，其中，年龄在35岁及以下占10%，年龄在36~54岁占49.4%，年龄55岁及以上占40.6%，从事农业生产经营的农业一线从业人员普遍年龄较大。在受教育程度构成上，未上过学的占2.9%，小学学历的占19.7%，初中学历的占57.5%，高中或中专以上学历的仅占19.9%。因此，从总体上看，农业从业者文化水平不高，接受农业技术服务的基本素养也较低，接受新知识、新科技的能力不强，尤其是在病虫害防控、检验检疫、大棚管理、温室环境管控等农业领域。特别是在"互联网+"背景下，会有效利用信息科技来提高生产、管理、经营水平的新型农民较少。

（四）机制建设有待进一步创新

农业科技服务机制建设仍需加强。科技服务评价上，由于科技服务成果与科技人员自身利益并不挂钩或挂钩不紧密，目标考核机制、风险责任机制、服务农业生产的奖励机制、晋升晋级机制缺乏或不适宜，导致科技人员科技服务的内在动力不足。科技服务时间上，受农业科技项目周期和科研经费的限制，科研人员用于科技服务的时间和精力难以保证，科技人员扎根基层、服务郊区的长效机制仍不健全。同时，信息沟通机制不健全，科技服务供需双方之间缺乏相互联系沟通的有效政策引导和保障机制。

第二章

国内外农业科技推广体系现状

一、我国农业科技推广体系的现状

（一）"一主多元"农技推广体系现状及分析

我国目前拥有一个多元化的推广体系，包括政府主导型推广模式、大学与科研院所推广模式、企业型推广模式、农村合作组织推广模式，其参与主体包括政府、农业大学、科研院所、涉农企业、农村合作组织等，其中政府主导推广体系是主导力量。多元化推广体系组织形式多样，机制相对比较灵活，能够有效应对现代农业发展中新出现的各种问题，各体系之间互相交织，甚至有协同发展的迹象。但也存在推广体系机构重叠、管理松散，机构之间沟通不畅、配合不紧密、跨机制体制协同创新机制不成熟等问题，政府推广体系之外的多元推广体系在政策、资金方面没有保障等问题。

1. 政府主导的农业科技推广模式

政府农技推广体系目前实行的是比较完善的中央、省、市、县、乡5级行政型农技推广体系，政府负责宏观指导和管理。按照专业分工设置了全国农业技术推广服务中心、全国畜牧兽医总站、全国水产技术推广总站、农业农村部农业机械化技术开发推广站，这4个相互独立的推广站（中心）负责组织、管理和实施农业技术推广工作，各级推广站（中心）经费源自国家财政，农技人员工资纳入财政预算，乡镇农技人员工资待遇与当地事业单位人员的平均收入基本衔接。各级地方政府也安排相应资金，用于保障基层农技推广机构履行职能，基层农技推广机构的工作条件和服务手段得到明显改善。经过多年改革建设，全国农技推广体系更加健全，为解决农技推广"最后一公里"问题奠定了坚实基础。

科学合理的管理体制是保证农技推广机构有效履行职能的前提。目前，根据乡镇农技推广机构人、财、物的归属情况，其管理体制一般分为3种：县农业行政部门为主管理、乡镇政府为主管理、县农业行政部门与乡镇政府共同管理。近年来，农业农村部根据农技推广工作的特点，积极倡导"三权在县"的管理体制，加强县级农业主管部门对乡镇农技推广机构的管理和指导。"三权在县"的管理体制，在保证基层农技人员从事农技推广本职工作的时间和精力，以及落实工作经费和加强条件建设方面起到了重要作用，促进了基层农技推广机构公益性职能的履行。

基层农业科技推广队伍不断充实，技术力量不断加强。各地各级农业部门也制定了一系列政策措施，加强基层农技推广人才的引进和培养。浙江省建立"省级统一组织、培训基地承办、异地集中办班、示范县选派学员"的农技人员培训机制；安徽省结合农技推广补助项目，实行基层农技人员学历提升计划；等等。基层农技推广队伍人员的学历、技术职称及素质的提升，为加快农业科技成果转化和应用提供了人才保障。

各地积极贯彻落实《农业部关于加强基层农技推广工作制度建设的意见》（农科教发〔2011〕6号），大力推行农技推广人员聘用制度、工作考评制度、推广责任制度、人员培训制度和多元推广制度等，促进了基层农技推广工作规范管理和有效运行。以"包村联户"为主要形式的工作机制和"专家＋农业技术人员＋科技示范户＋辐射带动户"的技术服务模式在全国农业县普遍建立，基层农技推广工作实现了目标化、责任化、制度化管理，有效调动了基层农技人员下乡服务的积极性、主动性和创造性。

各地主动应对农技推广面临的新形势和新任务，在农技推广方式和方法创新上做了大量有益的探索，积累了一些好经验和好做法。浙江省全面推进基层农业公共服务中心建设，推行"3+X"的"一站式"职能配置和服务模式，并依托农民专业合作社、农业企业等建设农技服务基地（点），形成一个公共服务中心加若干个农技服务基地（点）的"1+N"农技推广新方式。甘肃省根据农业区域类型和服务对象的不同，开展了两种有代表性的特色服务模式，即以"突出产业、区域建站、特色管理、创新运行、高效服务"为主要特点的"庄浪模式"和以"立足主导产业、突出新型主体、紧扣关键节点、区域整体推进、全程全员服务"为主要特点的"山丹模式"等。

相关案例

庄浪县：科技扶贫成为脱贫"加速器"

庄浪县曾是甘肃省"苦瘠甲天下"的 18 个干旱县之一，也是有名的国家重点扶持的贫困县，曾以"吃救济粮，穿破衣裳"闻名全省。庄浪县把科技扶贫作为脱贫"加速器"，围绕苹果、洋芋、畜牧等产业，从自然资源部、农业农村部等选聘 1800 多名科技特派员，派驻全县 196 个贫困村，科技服务的触角覆盖到全县的贫困村户。同时，采取创建基地和公司化运作等模式，重点向贫困群众示范推广科技增收、科技增效技术。2016 年建立了水洛镇李碾村矮化密植苹果示范园，示范园内一改以往苹果乔化栽植模式，示范苹果矮化密植模式。与乔化栽植的苹果园相比，这块矮化密植苹果园 2018 年春季就挂了果，让贫困群众提前两年收获"致富果"。在科技特派员的示范带动下，庄浪县建成 12 万亩优质果品基地、5 个千亩苹果示范区、5 个万亩苹果辐射区，向全县示范推广矮化密植、单果管理、农家肥施用、反光膜着色等苹果标准化管理技术。全县苹果种植适宜区贫困户人均 1 亩果园，2019 年人均务果收入 1900 元，贫困群众捧着金果奔小康。2016 年以前，庄浪县采取有土栽植技术培育马铃薯种子，平均每株薯苗生产 1.5 粒原原种，效益不明显。2016 年，县上组建了陇源薯业有限责任公司，引进雾培法种薯生产技术，由科技特派员带领技术人员生产马铃薯种薯，马铃薯原原种单株产量由 1.5 粒提高到 40 粒以上。公司将马铃薯原原种销售给各乡镇农业合作社，农业合作社带动贫困群众种植马铃薯原原种，贫困群众将收获的马铃薯原种以高价交售给陇源薯业，从而带动贫困群众增收致富。

2. 农业教育科研型推广模式

农业教育科研型科技推广，是指把农业高校、科研院所的科技成果，通过适当的方式方法介绍给农民，使农民获得新的知识和技能，并在生产中加以运用，达到增产增收的目的，从而改变环境、提高生活水平。农业科研、教育与推广相结合是促进农业科技成果迅速转化，拓宽农业科技推广部门职能的有效途径。三者的合作和协同发展是现代农业科技推广的必然趋势。在我国农业科技推广中，作为农业科研成果、人才培养、信息传递的源头，农业高校和科研院所具有科技信息、人才、教育培训等方面的优势，其位置不可替代。

现阶段，高等学校、科研院所成为公益性农技推广的重要力量，农业教育科研型推广模式的组织架构不断优化，将原农业推广机构中的公益性职能与经营性服务分开，以农业高校、科研院所和政府基层推广组织是公益性专业农业推广机构，而经营性服务机构与市场接轨，参与市场竞争，且在推广计划、项目、内容等方面受政府监管。从组成上看，农业教育科研型推广体系包括3个部分：一是公益性职能的农业推广机构，如农业大学、科研院所和政府基层推广组织；二是经营性的服务机构，如农业龙头企业；三是社会服务机构，如农民合作经济组织。高校、科研院所在该系统中处于核心位置。在这种农业科技推广体系下，政府一般是以拨款的方式支持高校和科研院所推广农业技术，履行监督职能。政府与高校、科研院所之间是委托与代理关系（图2-1）。农业教育科研型推广体系要突出试验示范、培训教育的支撑作用，鼓励农业高校、科研院所建立农业试验示范站、农业科技示范基地，建立科技咨询服务网络和农业教育培训系统，为龙头企业、经济合作组织和广大农民提供信息和培训服务，发挥科技的引领作用，促进农业科技成果的高效转化，提高农民的科技素质，推动农村经济社会协调发展。

在农业科技推广体系中，政府发挥着领导和支持作用。政府的领导和支持作用主要体现在相应政策和法律的制定，宏观经济环境的优化，对各

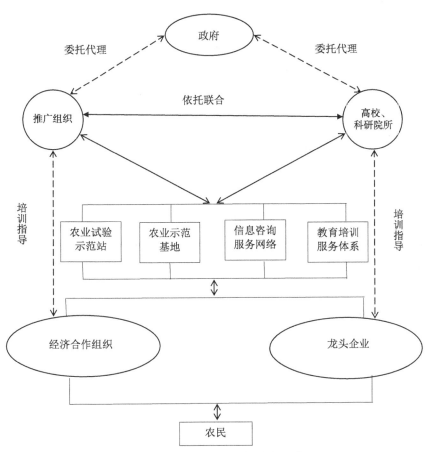

图2-1 农业教育科研型推广体系框架

类推广组织和主体行为进行调控和监督等方面。政府鼓励高校和科研院所参与农业科技推广，为其提供稳定的资金支持，保证项目费、推广经费、推广人员的工资福利等各项资金合理到位；加强对高校和科研院所农业科技推广的政策支持和宏观管理，为二者推广活动创造良好的外部条件。

高校与科研院所主要依托科技资源优势，提供技术成果，组建专家团队，通过建立农业试验示范站、农业科技示范基地，开展农业信息咨询服务网络、农业教育培训系统等传递方式，对基层农业技术人员、科技示范户、龙头企业、经济合作组织和广大农户进行培训和教育，发挥科技对产业的支撑作用。科研院所拥有丰富的科研成果和专业推广队伍，二者联合开展农业科技推广，可以有效弥补相互之间的不足。

基层农业科技推广组织是当前农业科技推广的基本力量，拥有一支数量庞大、经验丰富的科技推广队伍。

农业龙头企业和农民合作经济组织利用自身优势参与农业科技推广，通过为农户提供技术、购销、信息服务，加强企业与农户之间的合作，推进农业生产手段和经营方式的现代化，增强农产品的市场竞争力，推动农业产业化。

在管理体制上，该科技推广体系主要以项目为纽带，吸纳基层科技推广组织参加，建立合作利益关系。在管理方式上，系统垂直管理与横向合作相结合，根据当地的具体情况，推广资源和人员的整合和优化配置可采取各推广主体的行政隶属关系不变（如参加项目的科研人员、基层农技推广人员隶属关系不变）、经费渠道不变（如合作经费由项目经费开支），在业务上开展合作，项目结束后，合作关系终止。这种结合关系加强了大学、科研单位与基层推广组织的合作，提高了各类科技推广资源的配置效率。

多年来，我国农业高校和科研院所以区域创新发展和现代农业发展的实际需求为导向，充分发挥其作为科技第一生产力和人才第一资源重要结合点在现代农业发展中的独特作用，在农业科技推广方面进行了大量的实践探索，成为我国新型农村科技服务体系的重要组成部分和有生力量，为社会主义新农村建设和乡村振兴做出了重要贡献，产生了"太行山道路""科技大篷车""专家大院""西农模式""科技小院""产学研政模式""1+1+N模式""雅安模式""一县一业一园农业科技示范工程""大庆模式"等。其中，最典型的"西农模式"是以大学为依托，在各地政府的指导和推动下，以市场为导向，依托农业大学的科技资源和优势，通过项目与科研院所和基层农业科技推广组织互相链和，向农民科技示范户、农村互助组织、涉农企业、广大农民开展农业先进适用新技术的示范推广和农业高新科技成果转移的新型农业科技推广形式（图2-2）。这类模式弥补了国家主导的农技推广力量的不足，将产学研用结合起来，为解决三农问题、推进乡村振兴做出了突出的贡献。

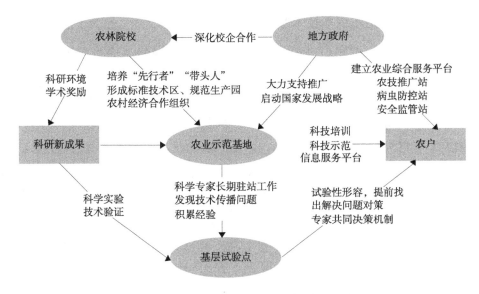

图2-2 "西农模式"农业科技推广服务框架

相关案例

"西农模式"打通农技推广"最后一公里"

拥有西北农林科技大学等科研力量的杨凌高新农业示范区，是我国唯一的农业高新区，其宗旨是通过对外辐射，把杨凌的科技成果迅速而有效地转化为现实生产力，推动我国干旱半干旱地区农业发展。如何缩短"实验室"与"农田"的距离、加快科技成果转化，是许多科研单位面临的难题。西北农林科技大学专家学者在农业生产第一线建立"农业科技专家大院"，让农业科技与农民面对面亲密接触，有效破解农技推广难题。进门是实验室、教室，出门是基地、试验田，这是农业科技专家大院给人的第一印象。专家大院多为二层小楼，配有专家的起居室、办公室、会客厅，设有实验室、培训教室、图书室和科技咨询室等，院旁为试验基地。对农业专家而言，专家大院是科研与试验中心，也是新技术与新品种的推广中心；对农民而言，它又成了技术培训中心和信息中心；对地区农业生产而言，它成了农业良种中心和科技龙头。这种模式引起了科技部、农业农村部多家单位和新闻媒体的广泛关注。

3. 农村互助组织农业技术服务模式

随着政府扶持力度的加大，我国逐渐向现代化农业的方向发展，但分散小农型生产方式严重制约着我国实现农业现代化的目标。近年来，在政府的扶持引导下，农民专业合作社和农村专业技术协会等农民互助机构不断形成，特别是国家 2006 年颁布《中华人民共和国农民专业合作社法》（2017 年修订）加快了这一进程，以这些机构作为载体的农村社区互助性农业技术服务模式也迅速发展起来。该模式以农村互助组织作为载体，通过构建农户与政府、高校、科研院所、农机推广机构的互动服务平台，旨在解决农业生产中的技术问题，开展技术引进、推广。这种模式使农民更加便利地参与到技术、信息共享中来，并能分享政策优惠及其他方面的收益，进而实现自我服务、自我发展。其类型多种多样，如农资一体化服务，采、购、销、运、加工等单功能或多功能复合合作社组织都很常见。

近年来，各地各类农民互助组织发展迅速，涌现出一批"农业专家大院""科技服务社""农业科技协会"等科技服务组织。通过互助组织联合起来的农户符合现代农业的发展方向，可以让各种生产要素集中起来产生规模效应，提高劳动生产率，降低农业生产成本，增加农民收入，搞活农村经济。合作组织在技术推广效率方面优于国家推广体系，是农民根据自身发展需要组建的，利益的驱动使得技术的转移和扩散更易为农户接受和实施。其推广的技术内容和形式比涉农企业更贴近农户需求，比高校、科研院所更贴近市场。大多由农业专家或农村技术能手带头，将新品种、新技术、新产品直接输送到农业生产第一线，减少了许多中间环节，提高了成果转化率。农村组织目前还存在着一些问题，制约了其推广效果。其一，结构松散，内部管理制度不健全，法律意识普遍不强，导致其难以做大做强。其二，缺乏专业人才，导致其内部技术水平不高，知识结构偏低，技术服务能力不够，生产运营风险大。其三，缺乏资金，影响其扩展业务，技术扩散影响力有限。

当前，国家财政补贴、税收优惠、金融扶植等政策也都在推动着农村合作组织蓬勃发展，其通过承担国家农技推广机构的一些任务，农业高校、科研院所、企业试验示范项目或培训项目的支持，获得了人员指导培训、技术指导培训的机会从而提高了其技术水平和人员素质，有力地支撑了农村合作组织的发展壮大，推动了新农业技术快速扩散。同时，也促进了产学研一体化，更好地服务于乡村发展。

相关案例

宜章农民专业合作社挑大梁　创新农技推广模式

近年来，湖南农业大县宜章，采用"农业行政主管部门＋农业科研单位＋农民专业合作社＋农户"的四位一体模式促进现代农业发展，通过农业行政主管部门牵线搭桥，促进农业科研单位与农民专业合作社联姻，通过农民专业合作社引进新品种，向会员传授技术知识，提供科技和信息服务，促进农业科技的快速推广和应用。先后引进了8个优良品种，由于外观美、口感好、适应性强、产量高等特点，深受市场欢迎。短短4年时间，该合作社已发展会员6000多户，基地面积1万多亩，每天有近50吨新鲜蔬菜销往广东、香港市场，高源洞蔬菜基地被列为农业农村部蔬菜标准园创建项目。通过农民专业合作社引进新品种新技术等，优化了农业产业结构，加速了农业产业化进程，形成了优质稻、脐橙、生猪、家禽、蔬菜等年产值超过2亿元的农业优势特色产业。宜章县先后获中国南方杂交玉米大面积高产县、全国瘦肉型猪基地县、全国脐橙优势产业带湖南省重点县、全国草食牲畜发展基地县、全省粮食生产标兵县等荣誉称号。在农业科技推广过程中，宜章县还加大对农民专业合作社骨干技术人员的培训力度，聘请专家、学者对他们进行集中、分类培训，组织他们外出参观学习和交流经验，对他们开展专业技术职称评定，对科技推广和科研有突出贡献的农民进行重奖，使他们成为农村科技致富带头人。同时，宜章县通过发挥这些技术骨干人员的作用，在产业共性技术和关键技术的开发引进方面起到重要作用，加快农业科技创新的步伐，同时带动其他农户技术水平的提升。

4.企业市场化科技推广模式

农业企业、农业服务中介机构根据市场需要，以盈利为目的推广良种、农技、农机等农业技术或者进行收费技术服务的行为都可以称之为企业化市场化的农技推广模式。农业企业参与农业技术服务的模式主要有3种，即企业＋基地＋农户型、企业＋合作社＋农户型、企业＋农户型，其技术源自科研院所、高校的技术转让，或者通过自身研发，技术中介购买。当前，通过农村土地流转，农民生产也需要标准化、规模化，对技术服务的需求不断增长，未来有很大的增长空间。我国科研生产长期存在"两张皮"问题，科研资金大多还是由国家投资，农业技术创新市场导向不明显，通过企业将市场需求与科研对接起来，并将其快速推广应用到生产一线，产生经济效益，推动农村经济发展。近年来，随着农业产业化经营的发展，企业市场化科技推广组织，特别是龙头企业在农业推广中的作用与日俱增，集技术开发、推广应用、产品加工销售于一体，形成以企业为主的农业推广，完善了政府主导的农业科技推广体系。企业规模化的生产可以将个体农户、农民合作组织无法负担的技术成本大幅降低，提高农业产出和农业生产效率，也推动了农业科技的转化率，有利于农业供给侧改革的实现。

当前，我国农业企业自身发展还有一定的困难。其一，由于人多地少，农民人均占有生产资料很少，农业市场主体发育不良，导致农业企业难以做大做强，相对于其他行业企业规模偏小、实力偏弱，大多数企业不愿意投入资金开发自有技术，推广时辐射带动能力明显不足。其二，市场主体之间不对等，个体需求在企业利益面前显得无力，企业推广的技术标准或产品与生产实际需求出现偏差。其三，企业市场化推广服务手段和能力有限，企业缺乏高等院校所具有的人才优势，在示范、培训、教育农民方面存在短板。其四，由于企业以盈利为目标，不能产生利润的领域不会涉入，其推广范围就比较狭窄。

相关案例

以龙头企业为主导，打造科技切入农村经济的最佳着力点

河北海燕农牧有限公司成立于 2008 年，位于灵寿县青同镇南贾良村，是一个集畜禽综合养殖、高效农业种植、农副产品加工、农业技术服务与推广、生态农业开发于一体的集团化科技型农业龙头企业。公司拥有大型万头养猪场、

沼气站、有机肥车间、生态农业观光园，通过规模化种植果桑，发展桑产品深加工，发展采摘、休闲观光、餐饮等服务业，实现了一、二、三产业融合发展，初步形成以特色种植和特色养殖为基础，兼有科普、示范、观光、休闲、餐饮、养生功能的生态农业庄园，对全县产业融合发展发挥了示范带动作用。

公司与河北农业大学、河北省桑蚕研究所等科研院校合作，共同研发了"幸福小镇"牌蛋白桑保健猪肉、黑猪肉、桑叶保健茶、桑葚果酒、桑叶面食等系列产品；同时，与国际创意产业联盟合作，规划建设桑蚕博物馆、桑蚕科研中心、桑蚕食品餐饮园、桑蚕产品加工园、幸福园、名人园等，形成"养殖—能源—肥料—种植—加工—观光"为一体的产业链延伸型生态循环农业模式。坚持"种养结合、生态循环"的思路，与河北农业大学、河北省林业调查设计研究院创建了全省第一个蛋白桑种植示范基地，引进蛋白桑、果桑新品种 23 个，开展桑树种植和桑叶养猪，为全省发展饲料桑养殖畜禽提供经验。通过"公司＋平台＋农户"模式，建立研、繁、扩一体化平台，与中国农业大学研发了桑叶绿茶、红茶、速溶茶、功能茶和桑叶蛋白粉等系列产品；与河北农业大学研发了桑葚果酒、桑葚果汁、桑葚酵素、桑葚花青素等高科技产品。在此基础上，投资 3.8 亿元启动了万亩桑树种植基地及桑产品深加工项目，以中国农业大学、河北农业大学为科技支撑，以桑产品深加工为后盾，采取"公司＋合作社＋基地＋农户"的模式，截至 2018 年，带动 3500 多个农户合作共建万亩桑树种植基地，户均增收 20000 元。

（二）我国农业科技推广取得的成效

1. 推广农业科技重大技术

在农业科技重大技术推广上，我国主要依托重大技术推广项目并结合专项技术推广项目来组织和实施。在我国农业生产中，科技推广的内容十分广泛。一是促进种植业转型升级，稳定粮食等农产品有效供给。全面实施"藏粮于地、藏粮于技"战略，大力推广农作物新品种和农业新技术，科学控肥、控药、控水，农业生产总体稳定。2019 年，我国粮食生产连续 16 年丰收，连续 5 年稳定在 6.5 亿吨以上，粮食供应充足。粮食总产量 66384 万吨，同比增加 594 万吨，增长 0.9%，比 1978 年的 30476 万吨增长 117.8%。化肥使用量自改革开放以来首次接近零增长，农药使用量继续零增长，畜禽粪便、废旧农膜、秸秆等得到有效处理，农业面源污染防治攻坚战取得新突破。二是围绕畜牧业健康发展，增强肉蛋奶优质供给水平。强化技术服务与支撑，着力加强草原保护建设，通过试点示范等推广了以畜禽标准化生产、畜禽粪便资源化利用、草原鼠虫害治理等为代表的先进技术，为现代畜牧业建设和农牧民增收提供了支撑，全年畜牧业产出基本稳定。2017 年全国肉制品产量突破 1600 万吨，2018 年全国肉制品产量达 1713.1 万吨。三是着眼现代渔业建设，提升水产品安全供给能力。强化集成示范，全力推进现代水产养殖新技术新模式应用，2019 年我国近海捕捞约 1000 万吨，比上年减少 5% 左右；养殖约 5050 万吨，同比增长 1% 左右。产业结构进一步优化，养捕比达到 78：22，稻渔综合种养面积达到 3500 万亩。水产养殖业绿色发展迈出坚实步伐，产业融合发展取得显著成效，资源养护事业再上新台阶。四是加速农机产业融合，提升机械化作业水平。以重大项目实施为抓手，以推广先进适用农机化技术为重点，不断创新工作理念和方式方法，着力促进农机与农艺融合、农业机械化与适度规模经营融合、农业机械化与信息化融合，加速技术集成配套和系统解决方案，推进农业机械化"全程、全面、高质、高效"发展，2019 年全国农作物耕种收综合机械化率超过 70%。

2.科研院所地位愈发突出

农业科研院所是农业科技推广体系中不可或缺的组成部分。如果我们把农业科技视为一种产品或服务，根据供应链理论，科技产品的研究、推广和应用就构成一条供应链。农业科技供应链的 3 个环节相互关联、相互依赖。科技开发是农业科研院所的主业，其直接成果是农业新技术、新品种、新工具和新方法。这些成果往往需要通过范围不断扩大的田间试验试种来得以最终完成，并需在正式推广应用中跟踪试验并检验成果应用的效果，以便使成果得到进一步深入研究和完善。因此，可以说科研院所的科技推广工作是其科技研发的自然延续，是整个科研工作的一个重要环节。科研成果的推广应用也是科研院所走向市场实现其科研价值的必要手段。

科研院所的可持续发展必须依靠其成果的转化并取得经济效益，使其成果的市场收益在整个院所经费来源中占主要比例，使自身走向良性发展的循环。近年来，农业高校、科研院所越来越多地直接参与推广应用，在技术上有着更大优势，可以在培训、咨询、现场指导等多个方面发挥积极作用，作为农业人才培养的重要基地，是农业科技创新的重要源头，成为农业技术推广的重要力量。

3. 提高农民科技素质

开展农技培训、提高农民科技文化素质是农业科技推广体系建设的重要职能。多年来，我国各推广组织充分利用自身科技资源优势、人才优势，结合新品种和重大技术推广，通过网络、广播电视、讲座培训、科技宣传栏、技术咨询点等活动，有组织、有计划地向农民宣传和普及科学技术，积极组织开展多种形式的农业科技培训，有力地提高了农民学科学和用科学的综合素质。《2019 年全国高素质农民发展报告》指出，2018 年全国农民教育培训总投入资金 20 亿元，带动省级财政投入资金 6.25 亿元，重点开展农业经理人、新型农业经营主体带头人、现代创业创新青年和农业产业精准扶贫培训，共培养高素质农民约 90 万人。各地开展多层次多形式的农业农村实用技术培训，2018 年累计投入 4.63 亿元，培训达 938 万人次。通过培训活动，有效地提高了农村劳动者的科技素质与能力，改善了农村劳动力的技术结构，为实施"科教兴农"和乡村振兴战略打下了良好的基础。

4. 促进农业增效、农民增收

农业的出路在现代化，农业现代化关键在科技进步。近年来，我国农业科技取得了长足进步，2018 年农业科技进步贡献率达到 58.3%。在种植业领域，主要农作物良种覆盖率超过 96%，主要农作物耕种收综合机械化率达到 65.2%，水稻功能基因组学与绿色超级稻、农作物强杂交优势利用与新品种创制等处于国际领先地位。我国农业科技主要创新指标已经跻身世界前列。农业新技术被更多的农户利用，新技能和新产品形成的"经济租"逐渐消失，农户之间的收入差距逐渐缩小。农林牧渔业产值由 1978 年的 1027.5 亿元增加到 2018 年的 67538 亿元，农民人均纯收入由 1978 年的 134 元增加到 2018 年的 14600 元。可见，农业技术推广对于促进农民增收，减小农户内部收入差距具有重大作用。

（三）我国农业科技推广发展面临的问题

1.农户经营规模小

发展适度规模经营是发展现代农业、提高经济效益的必然选择。土地适度规模经营是经济社会发展的必然趋势。耕地的单位面积产量随土地经营规模的集中而不断增加，在工业化与城镇化逐步吸收了大量农业剩余劳动力之后，农地经营规模逐步扩大，粮食安全得到更加有力的保障，同时，现代农业的规模经济是解决中国农业困境重要途径之一，经营规模（包括生产投资规模及耕地经营规模等）的大小，直接影响着农户经营效益及收入水平。土地经营规模的适度集中既是工业化与城镇化的必然结果，也是提高农民人均收入的必然需求。随着工业化与城镇化的发展，小规模的农业生产经营方式同劳动生产率提高和农业现代化的矛盾将日益突出。倪国华和蔡昉的研究发现，家庭综合农场的拟合最优土地经营规模区间为131~135亩（1亩≈667平方米，15亩=1公顷，全书同），"种粮大户"的拟合最优粮食播种面积区间为234~236亩。截至2019年，我国有2.3亿户承包农户，每个农户经营的土地面积不足0.6公顷，如此小的生产规模对提高农民的农业生产积极性、实现农民增收难度极大，结果必然是农业兼业化、副业化和老化的趋势日益突出，难以提高劳动生产率和支撑农民增收。同时，农业新技术的采用要求农民有一定的经济实力形成规模化生产，而农户土地经营规模小，没有足够的经济能力承担采用技术所面临的风险，不利于农户采用"规模性技术"。小规模生产同技术推广、机械化、信息化和食品安全的矛盾日益突出，制约着现代农业发展的进程。

2.农业基础设施薄弱

加强农业基础设施建设，对现代农业的发展、农民的增收、农村经济繁荣具有极其重要的意义。加强农业基础设施建设（特别是农田水利基本建设、中低产田改造建设）有助于提高粮食安全保障水平，提高防灾减灾能力，改善农村民生。加大对农业生产的基础设施投入是农业生产力增长的基础，对提高农产品的供给能力、抵抗自然灾害能力、稳定农产品市场将起重要的作用。近年来，我国农业基础设施建设力度也不断增大，农业基础设施不断加强（特别体现在农村公路以及水利设施建设上），农业生产条件得到不断改善，有力地促进了农村经济的发展。但是，总的来看，我国农业基础设施仍然薄弱，无法满足农业农村发展的需要，已成为农业科技推广创新的阻碍。

一是农田水利基础设施建设落后。近年来，虽然中央加大了对农业基础设施投资力度，但由于部分资金投入结构不合理，导致一些地区针对农灌水库及配套工程、沟渠堤坝等农田小水利的建设资金投入明显不足，渠系老化、饮水不足、排水不畅、农田用水困难问题仍然存在。

二是农村交通设施建设滞后，尤其是在中西部地区的农村更为突显，农林道路的数量、质量与建设现代农业的要求相比仍有较大的差距，制约着农产品与农业生产资料物流业的发展。

三是农业技术装备比较落后。我国农机化发展仍然存在着不平衡、不协调、不可持续的问题，农业装备、技术、政策、服务有效供给不足等矛盾日益突出，制约着农业机械化水平的提升。以设施农业为例，当前全国设施园艺机械化率平均仅达33%，且在不同设施、不同环节上极不平衡，影响了设施农业的快速发展。

四是农业信息化建设缓慢，农村信息孤岛在一定程度上依然存在，特别是在西部农村，农业信息化应用水平仍然很低，农业物联网、互联网等先进技术的应用推广还处于起步阶段，对农业生产经营服务作用远未发挥。

3.农业科技支撑能力有待提升

农业科技创新是农业经济发展的不竭源泉和动力，建设创新型国家和资源节约型社会的历史使命赋予了农业科技创新更高的要求。然而，总体来说，我国农业科技支撑能力与发达国家差距较大，与农业现代化的目标和要求相差太远，制约了我国农业科技推广发展的步伐。2018年，我国农业科技进步贡献率达到58.3%，但与发达国家75%以上的农业科技贡献率还是相距甚远，我国的农业科技创新存在主体缺位、整体创新能力不足、科技创新体农业研发资金供给不足、科技创新效率不高、科技成果转化率不高等诸多问题。尽管我国农业技术装备水平、作业水平及社会化服务水平大幅度提升，促进了粮食产能持续增强，为农业济持续发展做出了重要贡献。但是不可否认，我国农业装备、技术、政策、服务有效供给不足等问题仍然突出，制约着农业机械化水平的提升。农业科技推广服务效能亟待提升，农业科技进村入户仍需深入推进，农民掌握更多的农业科技知识仍存在一定的困难。农业科技成果转化是科学技术与其他农业实现有效配置、与生产有机结合的关键环节。

二、国外农业科技推广体系的建设

从世界范围的农业科技推广实践来看，发达国家均十分重视农业科技推广，并投入大量经费和出台相关政策，建立了适合本国国情的农业科技推广模式。一般来说，发达国家的农业科技推广主体呈现多元化，并非单一地由政府主导。根据发达国家农业科技推广主体的不同，其农业科技推广模式主要分为四类：一是以政府推广机构为主导的推广模式；二是由政府领导，教育、科研、推广有机结合的"三位一体"的农业科技推广模式；三是公私合作的推广模式；四是由私人企业或非政府组织主导的推广模式。结合不同类型的推广模式，我们将重点分析以色列、美国、法国、日本等发达国家的推广模式。

（一）以色列：政府占主导地位的推广模式

政府公共推广模式是指政府农业部门及其支持的机构在农业技术推广中占主导地位的推广模式。在世界农业大国中，以色列的政府推广模式比较典型。在以色列，农业技术推广是典型的公益性的、非营利性的服务，由一个自上而下的推广体系负责，实行垂直管理。在这个体系中，政府一直占据主导地位，主要负责相关体制建设和经费投入，为农业技术推广提供全方位的保障。一是制度保障。以色列政府加强立法，为农业技术推广提供法治保障。早在 1959 年，以色列议会通过的《鼓励研究与开发法律》规定，满足一定条件的投资项目不仅可以获得政府的投资补贴，而且还可以享受减免税优惠，以此来鼓励科研投资，促进科技与经济的协调发展。1984 年，以色列政府为鼓励开发具有高回报率的特色农产品，专门出台了《鼓励投资法案》，该法案特别设立农业开发风险基金，为农业科技研发和推广创造更加良好的条件。二是组织保障。经过多次调整，以色列建立起了一个目标明确、层次清晰、结构严谨的农业技术推广体系。该体系主要由国家级和区域级两个层次的推广中心构成，采取自上而下的运行模式，确保最新科研成果能够迅速运用到农业生产中，基本能够满足农民的生产需要。此外，政府还支持和鼓励农民合作组织参与农业技术推广服务。在以色列，农民合作组织的主要模式是基布兹（Kibbutz）、莫沙夫（Mashay）和莫莫沙瓦（Mashaba）。这些集体形式的合作组织为农业技术大规模、规范化推广提供了良好的载体，保证农民以最快的速度接触到最新的技术成果。三是资金保障。充足的资金是农业技术推广的重要保障。以色列农业技术推广所需资金大多数由政府财政负担，用来支付推广人员的工资、办公经费和其他必要的费用。统计显示，以色列政府每年用于农业科研与技术推广方面的投入高达数亿美元，大概占到国民生产总值的 3%，位居世界前列。同时，政府还鼓励农业企业、农场主等参与投资农业技术推广工作，保证推广经费呈现不断上涨之势。

以色列建立起一套由科研机构技术推广机构和农民组成的农业科研与推广的体系，实现了农业技术研发与推广的无缝衔接，如图 2-3、图 2-4 所示。

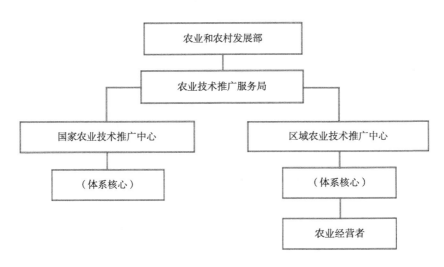

图2-3　以色列农业科技推广体系

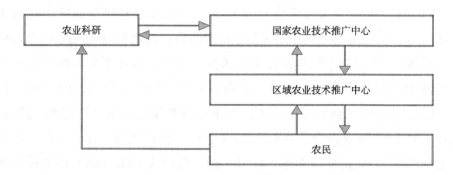

图2-4 农业技术科研与推广的无缝隙衔接

以色列的农业科研工作是由科研人员、推广人员和部分农民共同完成的，通常一个科研项目的产生是综合各方意见的结果。科研机构在确定一个新的研究项目之前，除了要听取来自技术推广人员反馈的意见，还会委派科研人员亲自到生产第一线，参与农业技术推广工作，直接与农民接触，了解他们的需要，最终确定研究项目和研究方向。而一个科研项目能否最终立项，还必须是由科研人员、推广人员和农民代表按照一定比例所组成的委员会来决定，决定的依据是科研项目能否满足农业生产实践的需要。因此，每一个科研项目都来源于生产实践，有明确的针对性，易于解决农业生产中的某一难题或关键问题。

（二）美国：教育、科研、推广有机结合的"三位一体"农业科技推广模式

作为对全世界农业贡献最大的发达国家，美国如此高的生产效率归因于其发达的农业科技研发和推广体系。1862年，美国通过的《莫里尔法案》（"土地赠予法案"）规定，每个州均要设立赠地大学，由政府购地赠与各州成立州立大学，负责该州的农业教学、科研以及推广工作。1887年通过的《汉奇法案》规定，在赠地大学建立农业试验站（类似农科院），在农作物栽培技术等方面展开研究。1914年通过的《史密斯和勒沃尔法》规定，农业部要在州立大学建立农业科技推广中心，由州立大学代表政府在全国开展农业科技推广工作。通过以上3个法案，美国逐步建立了以州立大学（农

学院）为依托，教育、科研、推广 3 个环节有机结合的"三位一体"农业科技推广模式。美国建立了特有的农业科技推广模式，包括联邦农业科技推广局、州农业科技推广站和地方农业科技推广站 3 个层级，其中州农业科技推广站在这一特有的农业科技推广模式中发挥着关键作用，如图 2-5 所示。联邦农业科技推广局主要发挥管理作用，负责协调和管理全国的农业科技推广工作。每个州立大学在农学院建立农业科技推广站，并由该农学院院长兼任推广站站长。农学院一方面要负责农业科技方面的教育和科研，同时还负责全州的农业科技推广服务。地方农业推广站是州农业推广站的下属机构，他们的主要工作是对农户进行定期访问，向农户提供各种农业科技信息，帮助农户分析农业生产和经营过程中的问题，并寻求具体的解办法。

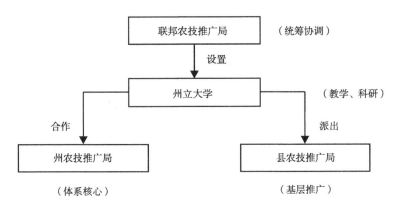

图2-5　美国农业科技推广体系

美国的农业科技推广人员大多是聘用农学院中在各自研究领域具有极高权威的教授，这些教授一般会根据自己的专业特长成立研究团队，参与实施项目，并制定推广计划。在各州的州立大学中，农学院、农业试验站和农业科技推广站实际上是"三块牌子，一班人马"，农学院除承担教学任务外，全州的科研站以及各县的农业科技推广办公室也由农学院统一管理，州农业试验站站长和州农业科技推广站站长也由农学院院长兼任，农学院院长是全州农业教学、科研和推广工作的最高负责人。各农学院要求教授同时负责教学、科研和推广3个方面中至少两个方面的工作，并将其负责的工作作为绩效、加薪、升职的重要考核依据。可以看到，美国的农业科技推广模式在领导体制上保证了教学、科研和推广的统一与协调，促进了教学、科研和推广工作顺利有效地开展，也使担任要职的教授更加注重研究、发展和解决农业生产实际中遇到的种种问题，从而形成了教学、科研和推广三者协调统一的合作保障机制。

（三）法国：公私合作的农业科技成果推广模式

法国作为世界第二大农副食品出口国和欧盟最大的农产品生产国，其农业科技推广主体主要包括政府、农业发展协会、企业和科研单位等。在法国，农业科研成果要先经过农业科研单位试验成功后才可以推广，农民专业合作社和农业企业针对农业生产中遇到的问题提供技术培训和指导，政府推广机构负责农技推广的管理工作，主要由政府部门和合作社联合成立。

农业科技成果推广过程中，负责农业基础研究的组织可以分为公共机构、私立机构两种类型，见图2-6。公共研究机构主要由农业科学院、农业机械研究中心、灌溉森林研究中心等组成。法国农业科学院是世界上几大农业科学院之一；法国农机及灌溉森林研究中心的主要职责是研究灌溉、农副产品的加工利用等，并与第三世界国家在灌溉、农产品的副产品利用

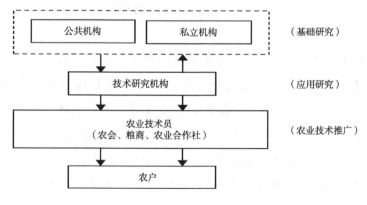

图2-6　法国农业科技推广模式

等方面展开合作研究。法国大学农业专业及相关专业的研究机构也从事农业科技方面的研究，公共研究机构的高级研究人员也在大学兼任客座教授。私立机构主要包括育种家、肥料生产企业、农药公司、农机公司、食品和饲料公司等。在法国，公立机构与私立研究机构互相独立，其工作范围及研究领域在某种程度上有一定交叉，研究侧重点有所差异，相比而言，私立研究机构更加注重营利。

在经过公立机构与私立机构基础性技术研究之后，便进入了应用研究技术阶段，农业应用研究由技术研究机构（技术研究所和技术中心）承担，其根据当地农业生产实际情况开展具体科研工作，并通过各省级农业协会的技术顾问、农场主将其农业科研成果推广到不同地方，有效地将中央、地方的产、学、研工作紧密地衔接了起来。技术研究机构的经费主要来源是依据预提税法的规定，即在农产品销售环节按一定比例征收科技税，再由政府按照规定分配给相关技术研究机构，因此，从根本上来说，这些经费其实来源于生产者自身。

法国农业科技成果推广体系中，农业合作社是最基础的组织形式，农业合作社遍布全国各地，负责向基层农户提供良种、技术指导与技术培训、农产品加工、储藏和销售领域等服务，其职能已深入法国农业发展的各个环节，在法国农村经济中起到了十分重要的作用。法国农业合作社虽由政府支持，但是政府很少干涉合作社的内部事务，合作社与农民都在很大程度上拥有自主权利。因此，法国农业合作社逐渐发展成为一个对外实现利益最大化，对内实现利益公平化的农业合作组织。农业合作社的存在与发展为法国农业科技的研发和推广提供了一个让农民乐于接受的平台。

（四）日本：官民协同的"双轨推广"模式

与中国类似，日本也存在"人多地少"的情况，全国70%的农户人均耕地在1公顷以下，属于典型的小农制农业模式。一般而言，小农模式很难融入世界农业市场化的生产体系中，但日本根据国情，探索建立了完善的农业科技普及与推广组织，早已跻身世界农业发达国家之列。日本农业技术推广体系的最大特点是实施一种官民协同运作的"双轨推广"模式。所谓"双轨推广"是指国家农技推广体系中包含了以政府为主导的官办普及型培训指导体系和以"农业协同组合"（简称"农协"）为主导的民营指导体系，两种推广体系相互区别但联系紧密，为日本农业的现代化发展提供了可靠的制度保障和技术支持。

以政府为主导的官办普及型培训指导体系由普及指导机构和特定支援机构组成。其中，普及指导机构的构成人员以普及指导员为主。在日本，普及指导员是政府为负责农业技术推广工作的人员专门设置的公务员岗位，其主要任务有两个：一是作为农技推广人员，在获取农户相关资料之后挨家挨户进行走访，目的在于了解农民的技术需求和在生产过程中遇到的困难，然后将现实情况递交到教育研发机构以寻求解决方案；二是作为农业研发部门的助理人员，把自己掌握的需求信息应用于农业技术的开发过程，最大限度地实现技术供需平衡。此外，普及指导员针对骨干农户、定向及规模经营支援户、小农户和待就业农户等异质类群体，为其提供技术改良、基础知识教育与普及、经营能力培养、政策扶持以及先进技术导入等差异化农技服务。特定支援机构由革新专员构成，主要负责向骨干农户和较大规模的农户提供科技含量和专业化程度高的双高型技术咨询服务。与普及指导员的工作流程相类似，革新专员与农业技术的研发机构保持着密切的沟通和协作，集中表现在科技成果需求信息的反馈环节，有力地促进了农业技术的创新与转化。需要指明的是，政府的技术研发组织采纳农民需求、从事研究任务和向农民提供的所有技术成果，不存在任何的专利问题，农民能够无偿占有并使用。可以看出，日本农业技术的研发与推广都以广大农民为核心，并与农业生产实践联系紧密。

日本农协起源于 1900 年，分为综合农协、专业农协两种类型。目前，日本农协已是农业技术推广的主要力量，由于其良好的运行机制、内部组织严密，日本农协的规模不断壮大，农协的服务范围几乎覆盖了日本农村的各个领域，已成为了农业生产者进入市场时必不可少的中介组织，其作用已远远超过政府部门的农业技术推广机构。与日本政府行政部门的中央、县级、基层行政机构相对应，农协组织系统包括中央农协、农协联合会和基层农协 3 个层级，每一层级的农协均是独立的法人组织，各级农协之间不存在行政隶属关系（表 2-1）。

表2-1　日本农协的内部组织结构

层级	职责
全国农协联合会 （中央级以县级联合会为会员）	从事经济运作的农协联合会系统（民间组织）
县级农协联合会 （都、道、府、县级以基层农协为会员）	从事指导业务的农协中央会系统（行政机构）
基层农协（市、町、村级以农户为会员）	农业生产第一线的农业科技推广员

日本农协除为每个农户提供产前、产中和产后全程式服务外，还为农户提供信贷、购买、产品销售、产品加工、植物保护等"一站式"服务，在农村生活方面提供婚丧嫁娶等日常服务。日本各基层农协均配有营农指导员，他们是农业生产第一线的技术普及人员。营农指导员由农协雇佣，是农协的正式员工，工资由农协支付，在提供技术服务过程中，营农指导员具体负责将收集农民生产过程中所遇到的难题及相关需求提供给专业技术人员，然后由专业技术员将此情况反映至研究机构，科学技术经改进后再重新反馈到基层农民手中。日本农协的经费一部分来自入会会员缴纳的会费、农业生产中的服务收入提成，另外一部分来源于工商企业的投资和捐赠。

三、国外农业科技推广模式的主要特点与经验启示

（一）国外典型农业科技推广模式的主要特点

在农业科技推广模式比较发达的国家中，有大型农业国家，也有中小型农业国家。在这些具有典型意义的国家和地区中，农技推广的发展和实践模式虽各有千秋，但农技推广模式的构建却有其共同的特点。

1. 政府肩负农业科技推广的重任

在上述典型国家农业科技推广模式中，政府通常扮演着至关重要的角色。一方面，政府通过政策导向作用，引导农业科技推动市场健康运行。

另一方面，政府将农民的需求及时向科研和教育部门反映，并将科研和教育部门的研究成果及时传播、推广给农民，整个组织运行效率极高。以色列采取自上而下的垂直运行模式，政府负责相关体制建设和经费投入，为农业技术研发和推广提供全方位的保障。美国是市场经济高度发达的大规模农业国家，设立了农业部农业研究局、合作推广局等联邦农业服务机构，对高校科研机构发挥政策引领、财政支持、监管规范的作用。日本政府对农民专业合作社或农民协会给予了大量的支持，以推动农业科技的推广。

2.农业企业是科技转化的主要载体

随着农业推广市场化趋势增强，与农业相关的企业已成为农业科技推广工作的重要支撑，越来越多的国家注重将农业科技企业作为农业科技成果直接转化成为农业生产要素的主要载体，使其在农业科技推广服务中发挥重要作用。在大规模农业国家中，美国的私人企业在农业科研中投入了大量精力，全国已有数百家与农业有关的企业开展农业科技研究工作。法国农业科技推广机构包括公共科研机构和私立机构两种类型，分别隶属于政府各部委和大型农业企业或农业合作社。经过长期的发展，法国的现代农业已逐渐与工业、商业结合在一起，农业逐渐发展成为"农工商综合体"中的重要组成部分。

3.高校科研机构是农技研发推广的重要力量

一些国家的农业科技推广体系是以科研机构为主体组建的，最具代表性的是美国，以州立大学为依托、通过领导体制上的统一和协调将全州的农业教育、科研和推广工作紧密结合起来。同时在各县设立农业推广站，由州立大学推广站直接管理，并由大学推广站建立评审小组择优聘用和培训县级农业科技推广员。其他国家大都建立了比较完整的农业科研体系，并且对农业科研机构给予大量的财政投入和支持。如法国从事农业科研的机构网络十分庞大，从农业科学院遍及各个省、市、镇的科研单位。

4.合作社和农民协会发挥着基础性组织作用

不同国家都有农业合作组织和农民协会组织，它们发挥着组织生产、服务农民的重要作用，也是农技推广工作的主要承担者。日本农业协会为农户提供了横向、纵向全方位的服务，无论是包括农业产前、产中、产后在内的全程服务，还是在农业种植方面，诸如信贷、购买、销售、加工、农业医疗、互助合作、农业设施等一条龙服务，日本的农民协会都得到了当地农民最大程度的信任和支持。随着"农协"的发展，目前"农协"的管理范围已经涉及农业生产的方方面面。不仅包括组织农民进行农业生产、技术推广，购买生产资料、销售农产品，为农户提供金融服务等经济活动，而且还以行政辅助机构的合作组织角色参与制定并贯彻执行农业政策和计划。法国等国家政府公益性农技推广工作也是依托农业合作社和农民协会组织进行的。

（二）国外典型农业科技推广模式对于我国的启示

我国是一个以小规模农业为主的国家，农业生产经营环境和条件与国外不尽相同，为了适应农村经济的发展，必须从我国国情出发，汲取国外农业科技推广经验，改革我国的推广模式和运行机制，以构建适应现代农业发展的新型农业科技推广服务模式。

1. 政府要充分承担农业科技推广的公益性职能，发挥监管和统筹作用

改变传统的由政府主导的自上而下的公营性农技推广模式，需要政府理顺公益性推广和经营性推广的关系，对自身职责有清晰的定位和认知。与发达国家大农场式推广模式不同，在我国现有形势和发展趋势下，农业科技推广是政府公共责任的一部分。政府是政策制定者，合理的政策引导是农技推广工作顺利开展的前提，加强政府监管职能，为农技推广创造规范的市场环境。同时，不断探索公益性推广服务方式，通过委托服务、定岗招聘等渠道优化政府职能，从而完成政府从公营性推广到公益性服务、从全面负责到监管指导的职能转变。

2. 积极引导农业科研院校服务农业科技

我国涉农高校和科研院所中人才、技术资源丰富，能否充分利用专业研发平台，有针对性地提升农业科技实力，是我国农技推广体系能否顺利运转的关键。应加大对科研院所的财政支持力度，扩大高校和科研院所的自主权，解决高校和科研院所存在的地区分布不均、行政科研各自为政等问题。同时，高校和科研院所自身要积极探索新的办学思路，加强对应用性技术

和科技转化的重视程度，完善现有的人才晋升制度，将职称的评定和晋升更多地"接地气"，对实际推广有功的人才给予奖励。

3. 发挥企业和民间机构在农技推广中的作用

在保证公益性农技推广服务的同时，积极培育私有性技术服务供给主体，强化非政府推广和服务体系成为当今世界农业技术推广工作的基本趋势。企业和民间组织作为农技推广的重要力量，不但能够促进开放式创新下的产学研合作，提高科技成果的适用性和经济效能，还可以丰富农业技术市场供应，满足不同农业经营主体需求，使推广主体逐步朝多样化方向拓展。需要强调的是，虽然企业和民间机构在农技推广活动中的地位和作用不断提升，但两者在现实推广过程中表现出来的缺陷和问题同样不容忽视。就企业而言，其提供的农技推广服务大多具有商品的特质，也就是说这些交易活动将必然导致成本增加。作为一个自负盈亏的独立主体，企业利润最大化的经营目标将驱使其转嫁交易成本和风险，那么农民的利益很有可能受到侵害，为此应规范企业经营行为，在一定约束条件和范围内发挥其农业技术推广方面的优势。

4. 注重农村人力资源的开发和利用

纵观国外实践经验不难看出，农技推广体系的构建与农民主体性培育是交互进行的，通过教育资源的投入促使农民学会理性思考，形成一种农村区域范围的内生发展动力，这一点在日本的农业技术推广体系中体现得尤为明显。以往行政命令式的推广模式不但导致农业技术供需矛盾逐渐加深，更使广大农民的自创能力和需求表达能力严重退化。因此，无论是技术的研发活动，还是推广行为都应当以农民需求，或者说以市场需求为导向，重点培养农民发现问题和解决问题的能力。从本质上来看，农业技术推广活动是一个旨在改变农民自觉行为的过程，其目的在于使农户获得农业生产经营实用知识，并有效地加以利用，从而带来高效的、环境协调的技术进步与稳定的农业经济社会发展。在此过程中，应当根据农民及市场需求，通过指导、教育和培训等方式对农业经营主体的独立思考能力和自主经营技能进行培育提升，最终实现农村经济社会的发展与繁荣。

北京市农林科学院农业科技推广服务的实践探索

一、地方农业科研院所的科技功能定位

中华人民共和国成立后，我国逐步形成了按照自然区域和经济活动特点设置的国家、省、地（市）三级农业科研体系。地市级农业科研院所现有单位 600 多个，人员 3.5 万余人，在三级农业科研体系中占比分别达 50%、35% 以上，是国家农业科技创新体系和农技推广体系的重要组成部分，在农业科技创新、成果集成熟化、技术推广服务等方面开展了大量工作，为区域粮食增产、农业增效和农民增收做出了重要贡献。

（一）集成创新、引进消化吸收再创新的重要基地

根据创新模式的不同，可分为原始创新、集成创新和引进消化吸收再创新。原始创新活动主要集中在基础科学和前沿技术领域，原始创新是为未来发展奠定坚实基础的创新，其本质属性是原创性和第一性。集成创新是利用各种信息技术、管理技术与工具，对各个创新要素和创新内容进行选择、优化和系统集成，它与原始创新的区别是，集成创新所应用到的所有单项技术都不是原创的，都是已经存在的，其创新之处就在于对这些已经存

在的单项技术按照需求进行了系统集成并创造出全新的产品或工艺。引进、消化吸收再创新是最常见、最基本的创新形式，是利用各种引进的技术资源，在消化吸收基础上完成重大创新。它与集成创新的相同点是利用已经存在的单项技术为基础，不同点在于集成创新的结果是一个全新产品，而引进、消化、吸收、再创新的结果，是产品价值链某个或者某些重要环节的重大创新。

地方农业科研院所研究层次多属于集成创新、引进消化吸收再创新。从研究层次、承担项目和院所特征来讲，地方农业科研院所主要侧重基础应用研究和推广应用研究，主要承担区域科技开发和成果转化项目，服务对象主要是本区域农户、培养面向生产一线的科技人才，因此在集成创新、引进、消化、吸收、再创新方面有显著优势，成为我国农业科技集成创新、引进消化吸收再创新的重要基地。

（二）区域技术开发、推广应用、成果转化、产业转移的"助推器"

地方院所虽然不具备国家级科研单位的科研条件及领军科研人才，但在贴近应用和生产实际方面更具优势，直接面向基层、面向农民、面向生产、面向产业，并及时将科技成果直接推广到农民手中，是我国现代农业科技推广体系中不可忽视的重要力量。从国家整体科技发展规律来看，地方科研院所承担了大多数的基础应用研究和推广应用研究，在此方面积累了大量的宝贵经验和特色模式，具有国家科研队伍所没有的优势。2017年，龚建华等统计表明1949年至21世纪初育成的6000多个农作物品种中，由地市级农业科研院所选育的占60%~70%，在农作物新品种、适用技术研究与推广过程中发挥了不可替代的作用，为农业科研成果转化和服务区域农业经济发展方面起到了重要的推动作用。

（三）地方农业经济社会发展的引领者

只有以需求为牵引，市场为导向，生产为引领，科学研究才能找准方向，科技转化才有动力，科技产品才有发展空间。立足生产，面向应用，是地方农业科研院所的科学定位。遵循地方自然资源和地方经济社会发展，着眼于农业生产关键共性难题和难点，着眼于提高效率、降低成本和减少污染等制约应用的问题，着眼于技术集成、推广模式、产业示范等，开展应用研究和基础应用研究，促进科技转化、产品开发、打通技术推广"最后一公里"，地方农业科研院所成为服务地方科技、经济社会发展的领头羊。地方农业科研院所承担地方重大农业科研项目，直接为区域农业经济和社会发展提供技术支持和服务，为本区域培养大量高水平的农业科技人才，在农业生产、产品加工、农产品流通、产业发展等方面发挥了重要作用，引领和推动区域农业经济和社会发展。

二、北京市农林科学院科技推广服务历史成绩

围绕北京农业不同历史阶段所肩负的使命，北京市农林科学院积极开展新品种、新技术和新产品的示范推广工作，为首都及国家现代农业发展提供了强有力的科技支撑，丰富了首都市民的"菜篮子""米袋子""果盘子"，鼓起了农民的"钱袋子"，体现了农科人的历史担当。系统来讲，北京市农林科学院的农业科技推广服务工作分为 5 个历史阶段。

（一）建院初期（1958—1974 年）

北京市农林科学院始建于 1958 年 9 月，当时经中共北京市委、市政府批准，由原农业试验站、兽医站、养鱼站及中国农业科学院下放到北京市的蔬菜研究所、养蜂研究所为基础组建成北京市农业科学院。下设农业、蔬菜、果林、畜牧兽医、养蜂、水产、农机、土肥 8 个研究所（室）和院办公室。这期间北京市农业科学院农业科研推广主要围绕解决城市副食品供应不足、育种栽培技术落后等问题。按照科研队伍的"三三制"和"科研十四条"，开展总结群众先进经验，进行蔬菜品种引种试验和土壤普查，同时开展桃育种、大白菜抗病育种、北京黑猪品种选育、北京鸭的品种选育等项目的研究。20 世纪 70 年代，科技人员攻克马铃薯种薯催芽难关，通过"二季作"获得了种薯，解决了北京地区马铃薯退化的问题。

（二）建设调整期（1975—1982 年）

这期间针对粮食生产停滞、蔬菜供应困难和肉食供应短缺等问题，重点开展两种换代、抗病品种选育等以育种为中心的科研推广工作，培育出一批粮食和蔬菜新品种，如小麦"丰抗号""京双号"、夏玉米新杂交种"京早七号"等。同时大力推广两茬平播配套技术，为北京地区耕作制度改革做出了突出贡献。作物所著名专家胡道芬等主持的"花培冬小麦优良品种'京花一号'的研究"项目，于 1984 年获得北京市政府特等奖。"京花一号"是利用花粉单倍体育种法与常规杂交育种法相结合培育出的世界上第一个在生产上大面积推广种植的小麦花培新品种，大大缩短了育种年限，提高了选择效率，丰富了遗传基础，为我国小麦育种工作开辟了一条行之有效的新途径、新方法。综合所主持的"现代化新农村的雏形——窦店综合试点"项目，于 1988 年获得北京市星火科技一等奖和国家星火科技奖。率先在房山区窦店村、密云区四合村开展农业现代化综合试点工作，其中窦店村从粮食增产入手，改革耕作制度，通过农艺农机结合、农牧结合，采用小麦玉米两茬平播全程机械化，实现农业生产的良性循环，探索出了平原地方乃至全国发展现代农业新模式。

（三）改革发展期（1983—1995 年）

1983 年 5 月更名为北京市农林科学院。这期间围绕市民的"菜篮子""米袋子"，适时进行科学研究体制和科技推广体制的改革，使全院由单纯的研究型向科研、开发、经营型转变，农业科研工作进入稳定发展期，取得了一批对促进京郊农业生产有重要作用的优秀科研成果。同时在全国率先开展了科研管理体制改革，以科技承包制为核心，贯彻"科技为京郊建设服务"的方针，进一步优化了科研资源，调动了科技人员服务京郊的积极性。蔬菜所著名专家贾翠莹等主持的"甘蓝自交不亲和系的选育及其配置等七个系列的新品种"项目，于 1985 年获得国家技术发明一等奖。该项目在甘蓝自交不亲和系的研究方面取得了重大突破，育成了国内第一个甘蓝杂交一代"京丰 1 号"，其后相继选育的报春、秋丰、庆丰、晚丰、双金、园春等 7 个甘蓝系列新品种在生产上大面积推广应用，创造了显著的经济和社会效益。作物所著名专家陈国平、诸德辉等主持的"京郊平原中低产区粮食增产综合开发研究"项目，于 1988 年获得国家星火科技一等奖。陈国平作为全国玉米学科的带头人，先后被授予中央四部委先进个人、全国五一劳动奖章、国家级有突出贡献专家、全国归侨侨眷优秀知识分子、北京市劳模和农业农村部先进工作者等称号，1996 年获国家科技进步特等奖。1991 年 2 月 19 日，英国皇家园艺学会授予北京市农林科学院时任副院长兼蔬菜研究中心主任陈杭研究员金质维奇纪念奖章，以表彰她在推动国际交流与园艺学研究应用方面做出的突出贡献。陈杭同志是获得此项殊荣的第一位中国农业科技专家。

（四）快速发展期（1996—2008 年）

在科技工作中，北京市农林科学院坚持科学发展观，统筹科技与农村经济建设的结合，全面实施科技研发、科技推广和成果转化（产业化）三大工程，并以科技推广拉动科研、强化成果转化，在心系京郊，服务"三农"的理念指导下，为加快新农村现代化建设，发展都市型现代农业注入先进生产力，这期间，北京市农林科学院深化科技体制改革，在农业高精尖领域建立起一批国家工程中心和重点实验室。1997—2002 年，相继成立了玉米研究中心、农业生物技术研究中心、农业信息技术研究中心、草业与环境发展研究中心、杂交小麦研究中心等专业研究机构，实施科技攻关、科技示范推广和科技产业化三大工程建设，相继培养出一大批中青年学科带头人，全院的科技创新能力、成果转化能力和技术服务能力得到全面提升。1999 年 12 月 31 日，以作物所为主育成的"玉米自交系'黄早四'"项目，被农业部选中，作为全国农业行业重大科技成果的 5 个代表之首，参加了在中华世纪坛举行的 20 世纪国家重大科技成果封存仪式。"黄早四"是国内玉米育种史上利用率最高的自交系之一，1982—1997 年累计推广 7.18 亿亩，增产粮食 179.43 亿千克，净增经济效益为 28.42 亿元，对我国玉米育种和生产事业产生了巨大而深远的影响。林果所专家主持的"桃、油桃系列品种育种与推广"项目，于 2002 年获国家科技进步二等奖。一直以该所为技术依托的平谷区大华山大桃产业基地，形成早、中、晚熟系列品种配套，生食、加工品种配套，大桃、油桃、蟠桃品种齐全的全国最大的桃生产基地，有天下大桃第一村的美称。2003年12月9—12日，北京市农林科学院农业信息化工程技术研究中心主任赵春江博士随科技部团组赴瑞士日内瓦参加联合国世界信息峰会，会上北京市农林科学院代表申报的"中国电脑农业（农业专家系统）"项目获得联合国世界信息峰会大奖殊荣。蔬菜中心率先在国内建立了设施完备的蔬菜种质资源库，共收集保存国内外种质资源3万余份，通过收集、引进和田间评价，成功推出了上百个"名特优新"蔬菜品种，极大地丰富了北京乃至全国的蔬菜市场。在郊区开展了"百村蔬菜品种更新换代"促进行动，一批新的特菜品种在郊区落户。推出的"京欣一号"西瓜具有早熟、质优、高产的特点，在市场竞争中常立于不败之地，成为我国优质西瓜的名牌品种。针对食用农产品安全生产中如何控制化肥、农药不合理应用而造成污染的问题，北京市农林科学院通过潜心研究，先后推出了蔬菜、果品安全生产配套技术。在市农委、科委及财政等有关部门支持下，北京市农林科学院先后研究并推出了"北京山区农业资源可持续利用优化模式与咨询"和"京郊平原区清查与可持续利用"两大板块资源底牌，并形成数据翔实、区域特点鲜明、可供共享共用的信息平台，受到市、县级农业部门的认同。

这期间，北京市农林科学院开展了功能食品工艺、产品开发、农产品采后的贮运技术研究，为建设现代农产品物流配送技术体系提供科技支撑，服务北京市农产品向高附加值方向转型。已研发出的品牌蔬菜果汁和番茄红素等深加工产品取得较大的社会经济效益，蔬菜鲜切菜加工工艺为北京奥运会的成功举办提供了必要的技术支持。尤其是在北京奥运会开幕前夕，鲜切蔬菜需求量大幅度增加，在原有加工企业加工能力不足、供需矛盾十分突出的关键时刻，北京市农林科学院发挥自身在蔬菜鲜切加工领域的技术优势，按照奥运会加工食品要求开展技术培训，完成了50多种蔬菜鲜切加工的工艺流程，帮助企业建立品质控制体系。此外，通过引进和筛选新品种，对奥运基地开展技术指导和研发新型加工工艺，也产生了巨大的社会与经济效益。不但为奥运会的成功举办提供了技术支撑和保障，同时对提高北京及周边地区，特别是山区的设施蔬菜、反季节和出口外销蔬菜的发展也起到了促进和推动作用。

据统计，2001—2008 年，北京市农林科学院累计承担国家、部委及市级科研、推广（包括试验、示范）、开发项目或课题 886 项，已取得科技奖励 81 项。其中，直面"三农"推广应用的占 60% 以上，覆盖着郊区 100% 的区（县），80% 左右的乡镇和粮、菜、果、花、禽、畜、渔中主要生产对象，以及土、肥、水、种、密、保、管、工等生产要素，并将常规技术与高新技术相结合，替代传统技术，有效地提高了郊区农业现代化水平，为新时期郊区农业生产发展解决了一系列科技难点。

（五）完善提升期（2009 年至今）

2009 年以来，按照"聚资源、沉下去、广对接"的工作思路，北京市农林科学院强化各类资源的整合对接，加快技术的辐射引领作用，不断创新科技服务模式，推动着科技成果应用与推广服务不断实现"倍增效应"，架起一座座农户、园区、企业、基地奔向梦想的"致富金桥"。

2012 年，实施了"1+3"科技惠农行动计划，搭建一个"三农"科技服务平台，建立一个科技服务工作体系，集成一个技术成果库，打造一支科技服务专家队伍；成立院科技推广处，负责科技惠农行动计划实施的具体组织、管理与服务，编制管理办法、实施方案、折子工程，分阶段、有步骤地推进院科技惠农行动计划的落实。构建了"一库一网一平台"科技服务资源管理模式，包括资源库（包括项目、专家、基地、成果等）、科技推广服务信息化管理平台、以信息化管理为核心的院-所（中心）科技服务网，从而实现科技服务资源的高效调配及服务管理及可视化管理、服务。为调动广大科技人员开展农业技术推广服务的积极性，促进北京市农林科学院科技推广服务工作的推进，开展了农业技术推广系列专业技术岗位的评聘试点工作，制定了《关于农业科技推广岗位人员开展科技服务工作的指导意见》。2015 年推出"双百工程"，力争用 3~5 年形成百名专家服务队伍和百个以上的亮点基地。截至 2020 年，北京市农林科学院已在京郊建立技术示范中心基地 367 个，构建了以专家为主体的"院-区-镇-基地"4 级科技示范推广服务体系。生物防治、雨养旱作、沼液滴灌、林下养殖……一项项深受农民欢迎的农业技术和成果，推动首都农业向高效、节水、循环方向迈进。大兴西瓜、昌平草莓、密云板栗、房山食用菌、通州观赏鱼……一个个京郊区域特色产业的发展与升级，得益于北京市农林科学院的倾力技术支撑。据统计，"十二五"以来，北京市农林科学院共示范推广新品种437个，示范推广新技术279项，推广的西瓜、大桃、白菜等许多品种已成为郊区的主导品种。

北京市农林科学院积极开展对口帮扶和支援合作工作，农业科技新成果已覆盖全国各省、自治区、直辖市。在北京对口支援的8省91个县都有北京市农林科学院成果应用和专家服务，并探索形成了规划先行、科技导入、示范引领的农科院特点对口帮扶模式。2010年，北京市农林科学院与浙江、山西、甘肃等地合作，191个奥运蔬菜品种在浙江嘉兴东进种业、绿华生态等8个生产基地示范展示。科技惠农计划成果还在新疆、西藏、青海、河北等京外20余个示范基地得到高端辐射，科技成果在京郊甚至全国遍地开花。

作为首都农林科研院所，北京市农林科学院在支撑"一带一路"农业发展方面也有更大的担当。一粒粒种子播撒到"一带一路"沿线国家，搭起了沟通的桥梁，将中国先进的农业技术和优良的种质资源带到国外。2013年，"京麦7号"在巴基斯坦得以推广，并使当地单产提高1/3以上。据统计，"京麦系列"杂交小麦，在巴基斯坦布置示范点200多个，大面积生产平均可增产30%以上，以巴基斯坦为核心的国际杂交小麦试验示范网络初步建成。杂交小麦不仅在巴基斯坦进行大面积推广，还在印度、孟加拉国、斯里兰卡等国试种取得成功。2016年以来，"京科糯2000"在越南种植面积达150万亩，成为该国糯玉米主导品种之一；北京市农林科学院培育的优质蔬菜种子出口日本、俄罗斯、土耳其等20个国家；温室控制器、灌溉智能控制终端、精准农业遥感技术等农业信息化产品应用于以色列、加拿大、英国等一些农业发达国家的设施农业上……大批的科研成果走出北京市农林科学院的大门，迈出国门，走向世界。

三、北京市农林科学院双"四极"科技推广服务体系的提出

近年来，北京市农林科学院把"三个服务"（服务农民、服务乡村和服务企业）作为科技推广工作的出发点和落脚点，积极整合资源、汇集力量，以科技示范推广项目和成果转化项目为纽带，搭建产学研一体化科技服务平台，探索形成了具有农业科研院所特色的双"四极"科技推广体系。

（一）北京市农林科学院双"四极"科技推广服务模式框架结构

1. 农业推广的知识与信息系统理论

农业推广的知识与信息理论将农业科技成果的创造和扩散过程看作是一个知识和信息的产生、转化、传递、扩散和应用过程，通过不同参与角色之间的联系和相互作用，从而实现信息分享。农业知识和信息系统分为研究、推广和农户3个亚系统，3个亚系统之间通过信息流实现相互联系、有机结合（图3-1）。

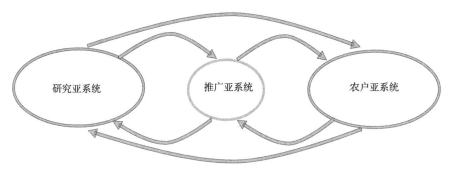

图3-1　农业推广的知识与信息系统理论

在研究亚系统中，研究人员不断创新，生产出一系列数量庞大的知识成果（新品种、新技术、新成果）；在农户亚系统中，广大农户基于自有认知体系，采纳不同的技术策略开展农业生产；而推广亚系统恰好处于研究

亚系统和农户亚系统之间，起到桥梁和纽带作用。推广亚系统通过采取相应的农业知识和信息系统管理策略，对农户目标群体进行精确瞄准和知识成果进行筛选加工，使得知识的产生和扩散从无序化走向了有序化，实现整体系统的熵增加。

与其他科技推广机构相比，科研院所的农业科技推广活动更符合农业推广知识与信息系统理论。一方面，科研院所的农业推广部门内嵌于科研院所内部，能够快速、便捷地接触到研究亚系统创造的知识成果，并对各个知识成果特性有全面、系统的了解，在知识成果获取成本和效率上具备无法比拟的优势，即"强成果"；另一方面，科研院所的农业推广部门不隶属任何推广体系，直接面对广大的农户亚系统，缺少推广中间层级的支撑和辅助，在知识和信息传播过程中传递层级相对较少，但知识和信息的传播覆盖幅度相对有限，即"弱体系"。

2. 双"四极"农业科技推广模式思路框架

（1）基本逻辑

按照农业推广知识与信息系统理论，结合北京市农业生产形势，可以构建起北京市农林科学院双"四极"科技推广服务模式的逻辑起点。一是打好"资源整合"牌。以北京市农林科学院的"强成果"为核心，建立北京市农林科学院农业科技推广的主体地位，整合在京涉农相关机构数量众多、资源丰富的科技资源和推广资源，巧妙规避北京市农林科学院农业科技推广"弱体系"劣势，通过资源互补的形式融入全市农技推广工作整体版图。二是打好"方式创新"牌。绕过市区乡三级垂直管理的强大国家农技推广体系，充分发挥科研单位科研亚系统的优势，打破推广层级界限，直接面对京郊农户亚系统，创新推广方式方法，构建起基于知识信息传播理论的推广服务方式，体现北京市农林科学院特色。

（2）组织框架

双"四极"农业科技推广模式组织框架由两部分构成：第一部分为以北京市农林科学院为核心，由市级、区级和乡镇政府、基层推广组织、村级新型生产经营主体以及他们所处的外部宏观环境组成的"四极"科技对接工作机制；第二部分为由农业综合服务试验站、专家工作站、科技小院和示范基地服务形式组成的"四极"科技服务工作体系。"四极"对接机制和"四极"服务体系相辅相成、有机结合。其中,"四极"对接机制是工作机制,是统筹全局、扩展工作框架和时空布局的顶层设计,是资源整合的具体呈现。"四极"服务体系是工作路径,是开展科技推广工作的具体方式方法,是方式创新的具体呈现(图 3-2)。

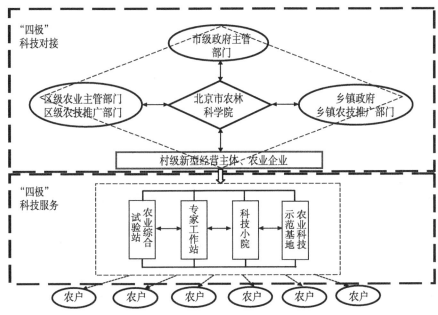

图3-2 北京市农林科学院双"四极"科技推广服务模式框架

在"四极"科技对接工作机制中,北京市农林科学院位于核心位置,被各级政府和推广机构包围和支撑。首先,农业科研院所科技推广属于社会公益性事业,以北京市农林科学院为中心,与市级、区级、乡镇级政府部门之间建立的战略协调和日常联络机制,可以得到各级政府在宏观指导、政策法律、项目支持、条件保障、组织协调等方面的支撑,为科技推广工作创造良好的外部宏观环境;其次,充分发挥农业科研院所"强成果"优势,将北京市农林科学院科研亚系统与市级、区级、乡镇级农技推广部门进行资源统筹,让各级农技推广机构服务于农业科研院所推广亚系统的推广目标,实现"一主"与"多元"之间的有机融合,能够形成农业科技推广的合力；最后，村级新型经营主体是农户亚系统中最活跃、最能实现行为改变的经济主体，以北京市农林科学院推广亚系统作为农业知识信息的统一输出端，"点对点""手拉手"与村级新型经营主体之间建立信息传输通道，实现其农业生产行为转变，以点带面进而辐射带动整个农户亚系统的农业生产行为改变。

在"四极"科技服务体系中，北京市农林科学院以乡村农业新型生产经营主体为结合点，开展不同类型科技推广示范基地和成果直通服务，逐步形成了综合服务试验站、专家工作站、科技小院和示范基地四种不同定位与功能的科技推广服务方法。

综合服务试验站立足于某一具体区域产业发展（如航食蔬菜），通过整合不同学科、不同专业科研力量，围绕区域产业发展中的瓶颈问题和关键性问题，开展各学科协同技术攻关、试验中试，打造区域性科技中心，形成区域产业发展技术解决方案，并通过集成展示、示范推广等方式全面带动区域农业生产水平提升。综合服务试验站一般为农业科研单位与区（县）级或镇（乡）级农技推广机构共建。

专家工作站立足于某一具体农业技术领域发展（如林下养鸡），通过系统梳理和汇聚各专业已有科技成果，通过集成创新和综合展示形成技术路径，打造该产业的标杆性、旗舰性成果展示中心，通过技术高地的"涓流"效应引领和带动整个行业的技术更新换代。专家工作站一般为农业科研单位依托行业龙头企业建立。

科技小院则立足于某一具体乡村的综合发展需求（如白虎头村），通过汇聚北京市农林科学院的专家和科技资源，构建专家和农户"同吃、同住、同劳动"的工作场景，为乡村生产、生活、生态的全面发展提供综合性技术服务，打造一支带不走的乡村科技帮扶队伍。科技小院一般为农业科研单位依托村集体建立。

示范基地则立足于某一新型生产经营主体面临的生产问题和经营困难，从农业科研单位已有成果库中筛选适宜的技术解决方案，通过科技专家的"手把手""一对一"技术服务，提升该新型生产经营主体的科技水平和生产能力，破解科技成果推广和转化的"最后一公里"问题。示范基地一般为农业科研单位依托新型生产经营主体建立。

综合服务试验站、专家工作站、科技小院和示范基地四种科技推广服务方式既相互独立，又彼此互补、有机联系；既可以在不同场所独立存在，又可以在同一个区域内共同出现。

表3-1　北京市农林科学院"四极"科技推广服务方式对比

科技推广模式	发展定位	服务对象	服务内容
综合服务试验站	区域性科技中心	区（县）、镇（乡）	技术攻关、试验中试、集成展示、示范推广、人才培训、公共服务等
专家工作站	产业性成果展示中心	龙头企业	多专业集成、综合展示、引领带动等
科技小院	综合性技术服务场所	村集体	综合服务、人员培训、技术推广等
示范基地	单一性技术转化阵地	各类新型经营主体	成果展示、技术指导等

（二）双"四极"科技推广服务模式实践

1. 市院、院区（县）、院镇、院企（基地）"四极"科技对接实践

北京市农林科学院"四极"科技对接工作机制可以通俗概括为市院对接、院区对接、院镇对接、院企对接四种实践形式。

（1）市院对接

市级农业、科技主管部门掌握着全市农业、科技的发展方向和扶持政策。以北京市农林科学院为核心，积极加强与市农业农村局、市科委、市支援合作办之间的对接合作，可以使科研单位的科技推广活动全面融入全市农业、科技整体工作大局。例如，自2012年起，北京市农业农村局与北京市农林科学院签署全面合作协议，不断强化市院合作项目申报与实施、重点合作项目推进等，开创了市院合作协同推进现代农业发展的新格局；又如，北京市农林科学院加强与北京市支援合作办合作，牵头组建京津冀农业科技创新联盟，与联盟各成员单位共建研发团队、联合实验室、实验

基地，实现信息、资源、设备、成果共享，以北京市对口帮扶河北省张家口市、承德市、保定市16县（区）为主战场，全面开展科技帮扶工作，共同建立了顺平大桃、沽源蔬菜、崇礼油鸡、张北食用菌、阜平肉鸽等示范基地37个，在社会上引起了强烈反响。

（2）院区对接

区（县）级是地方农业发展的中坚力量，既对本区域农业产业发展有很大话语权，同时又有完善的基层农业科技推广队伍。北京市农林科学院与通过与区县人民政府签订科技共建协议，与当地农技推广部门共同组建专家团队，建设科技示范基地，通过新品种、新技术、新成果推广，为区域农业发展提供科技支撑。自"十二五"以来，北京市农林科学院先后与北京市大兴、顺义、门头沟、通州、密云、房山、平谷、延庆8个区县签署了全面科技合作协议，全面推动了该院品种成为郊区的主导品种，为北京农业结构调整提供了品种支撑。其中，京单38、京科968等普通玉米种植面积40万亩，京科糯928等甜糯玉米种植面积2.3万亩，均占全市的50%以上；京欣系列西瓜品种种植面积6万亩，占全市的75%；大白菜种植面积8万亩，占全市的80%；桃种植面积22万亩，占全市71%；杏种植面积30万亩，占86%；板栗种植面积45万亩，占67%；观赏鱼品种及技术占北京市场的90%；平菇、香菇、木耳、白灵菇、杏鲍菇等食用菌优良品种在北京品种占有率约81%。

（3）院镇对接

镇（乡）级在机构设置和组织构架上和区（县）级类似。从一定意义而言，院镇对接是院区对接工作的延伸。但相较于区（县）级，镇（乡）级更加贴近具体产业发展和农业生产一线，院镇对接在甄选对接镇（乡）条件方面要更为慎重和严苛，工作内容也更为具体化和可持续。一般而言，院镇对接一旦确定了合作意向和合作领域，都要至少持续5年以上，这样才能体现出工作成效。近年来，北京市农林科学院与海淀区四季青镇、大兴区长子营镇、顺义区张镇、房山区周口店镇、通州区宋庄镇等重点乡镇签署全面科技合作协议，有力推动了科技成果落地转化和乡镇农业发展。例如，2014年该院与北京市顺义区张镇签署全面合作协议，围绕"舞彩浅山""都市型旅游休闲度假镇"建设，编制了张镇"十三五"农业产业发展规划，确定"五区两园两带"产业布局，围绕林下养殖、田园景观、果园栽培、高标准粮田等领域布局了一系列长期试验示范点，共同打造立足北京、面向全国的现代农业试验、示范、产业化聚集的新高地。

（4）院企对接

农业企业和新型经营主体是当前我国农业生产的主体，是农业科技服务的受体和终端。无论是市院对接、院区对接、院镇对接，在具体工作操作层面都具体体现为院企对接。因此，院企对接是"四极"科技对接工作机制的统一"出口"和物理载体。当前，与北京市农林科学院建立长期合作关系、深入开展对接的企业（新型生产经营主体）达到100多家，成为彰显北京市农林科学院品种、技术成果的"名片"。例如，自2012年起，北京市农林科学院与北京市绿多乐农业有限公司进行合作对接，共同开展林地生态养鸡技术的集成和示范，通过近十年工作开发出一套完整的技术体系，并在京内外广泛进行技术输出。技术成果多次在中央电视台、科技日报、北京电视台等媒体报道。通过该养殖模式生产的鸡蛋和鸡肉，受到市场热捧，并于2017年荣获国际动物保护协会颁发的动物福利"金鸡奖""金蛋奖"等荣誉称号。

2.综合服务试验站、专家工作站、科技小院、示范基地"四极"科技服务实践

在"四极"科技对接工作机制的基础上，北京市农林科学院以基地建设为主线，逐步构建形成了"综合服务试验站—专家工作站—科技小院—示范基地"组成的"四极"科技服务体系，打造了一批彰显北京市农林科学院特色的科技推广服务前沿阵地。当前，全院累计建成综合服务试验站3个、专家工作站17个、科技小院16个、试验示范基地367个。2020年在京郊100余个行政村（园区、基地和农民合作组织）中累计展示新品种500余个，推广各类配套技术315项，示范各类物化成果162项，建立核心试验示范区4万亩，辐射63万亩，开展各类培训覆盖近3.44万人次，实现示范区增收节支1.4亿元，得到了社会各界的广泛关注和认可。

（1）综合服务试验站模式

农业试验站模式起源于西方，英国洛桑试验站是世界上第一个农业试

验站。国内从清政府时期开始引入西方的试验农学教育体系，建立了一系列试验农场，如中央农事试验站、直隶农事试验场等。中华人民共和国成立后，农业试验站建设模式呈现多元化发展，各大农业科研院所及高等院校都积极投身试验站建设，农业试验示范站成为链接大学农业科技与地方农业技术需求的核心载体和关键纽带。

北京市农林科学院在系统总结国内外农业试验站已有实践基础上，立足北京产业发展和自身特征，采取与地方政府（区、镇）合作共建的形式，围绕解决本区域（区、镇等）特色产业发展需求，整合院内外专家资源，组建一支涵盖管理人员、驻站专家、技术人员和工作人员共同组成的试验站人员队伍，建立综合服务试验站物理空间场所和实验场地，制定试验站运行管理办法和工作方案，有针对性地开展技术攻关、试验中试、集成展示、示范推广、人才培训、公共服务等科技服务，全面对接地方政府科技推广人员、村级全科农技员、农业科技示范户等，辐射提升周边农业新型生产经营主体科技能力和生产水平，推动区域性农业产业发展。通过综合服务试验站实践，总结形成了一套以"市院共建""开放办站"理念，以及"技术源—示范点—辐射区"三级技术扩散、"试验站专家—基层技术人员（全科农技员）—生产经营主体"三级信息传导为核心的试验站建设模式（图3-3）。

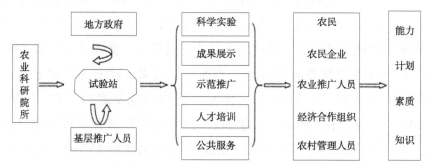

图3-3 北京市农林科学院综合服务试验站科技推广模式

例如，自2012年起，北京市农林科学院与北京市大兴区长子营政府合作共建了长子营综合服务试验站，整合了全院8个所（中心）24位专家，围绕航食蔬菜安全生产、设施蔬菜轻简化栽培等工作，引进了新奇特叶菜品种20余个，形成了技术标准6项，出版专著1本，获得省部级表彰1项。形成的设施蔬菜东西向轻简化栽培模式对比现行传统生产模式实现了省地8%、省工15%、省水30%、省肥30%、省药10%、优品率提升20%，在北京市得到了广泛应用，引起了社会广泛关注。

（2）专家工作站模式

专家工作站是改革开放以来我国涌现的一种新型农业科技推广服务形式，呈现为在地方政府指导下，由农业科研教学单位与地方性农业企业合作搭建的农业科技展示和技术推广服务平台。专家工作站已经发展成为我国"一主多元"农技推广服务体系的重要组成部分和有生力量。按照牵头主体来分，可以分为院士工作站、教授工作站、专家工作站等；按照功能来分，可以分为人才培养为主的工作站、展示示范为主的工作站和成果推广为主的工作站等。

北京市农林科学院借鉴现代企业管理与经营理念，与行业内有一定规模的龙头企业合作，采取公益性服务和有偿服务相结合的形式，以某一产业的全产业链条发展为主线，以各学科成果集成创新为核心，以形成产业发展模式为目标，整合全院各所、中心相关科技成果资源和专家资源，围绕不同产业建立了13个专家工作站（图3-4）。

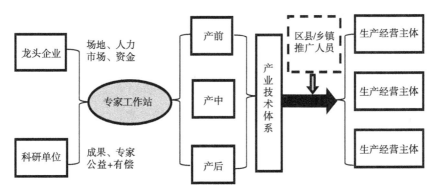

图3-4　北京市农林科学院专家工作站科技推广模式

目前这些专家工作站都发展成为所处行业领域科技含量领先水平的展示示范基地，并通过区县、乡镇农技推广人员对周边农业生产经营主体进行辐射带动。例如，自 2008 年起北京市农林科学院与北京四海田园农副产品加工有限责任公司合作建立四海功能性花卉专家工作站，围绕菊花景观和高山茶菊产业，推广自有知识产权的菊花品种 25 个，集成配套技术 9 项，形成了一整套菊花育苗、种植、加工、销售的技术体系，带动四海镇形成了以茶菊为核心的功能花卉产业，"四海高山胎菊""四季花海"已经成为远近闻名的著名产品和景观品牌，并进一步辐射京津冀地区乃至全国，在 19 个省市建有花卉产业化示范基地 20 多个，年试验示范推广面积 10 万亩以上，年培训各类人员 2000 人次以上。

（3）科技小院模式

科技小院模式起源于 2009 年中国农业大学张福锁院士团队在河北曲周开展的研究生人才培养实践，后逐步拓展成为农业高等院校开展科学研究、教学培养和社会服务"三位一体"农技推广新模式，并在全国得到了广泛示范推广。2018 年，由北京市委统战部牵头，借鉴中国农业大学科技小院建设模式，整合北京市农林科学院、北京农学院、北京农业职业学院等农业科研教学单位以及民主党派资源，以低收入村科技帮扶为主线，按照"零距离、零门槛、零时差和零费用"服务农民原则，引导和支持广大科技人员和高校师生与农民"同吃、同住、同劳动"为特征，形成了一套集农业科技创新、成果示范推广、人才培养及精准帮扶于一体的北京"统"字牌北京科技小院模式（图 3-5）。

与农业高等院校以农科人才培养为主体的科技小院实践不同，农业科研单位并不承担农业教学任务，无法以在校学生资源来支撑科技小院建设，但在科技成果储备和科技人才专业技能储备方面却有无法比拟的优势。基于此，北京市农林科学院提出了"做好一个小院，带动一个村"和"以驻村专家团队为主体，以农业科技推广为核心，以乡村生产/生活/生态综合服务为导向，打造村级综合服务平台"的科技小院建设思路，制定了《北京市农林科学院科技小院建设及运行规范》，形成了统一 LOGO、统一标语、统一外观、统一模式的"四统一"建设标准，提出了"一个专家团队、一个专家工作日、一项田间试验、一个对接户、一个技术骨干、一堂专家培训课"的"六个一"建设目标（图 3-6）。目前，北京市农林科学院已在京郊建立

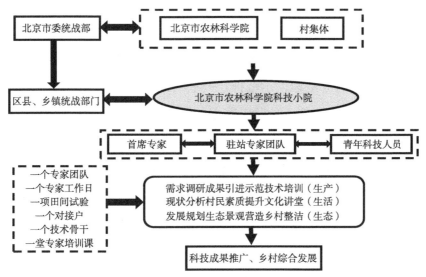

图3-5 北京市农林科学院科技小院工作机制

科技小院 16 个，显示出了强大生命力。该模式已经成为农业科研单位科技小院实践的样板和标准。例如，北京市农林科学院在北京市门头沟区斋堂镇白虎头村建立科技小院，组织林果所、植保所、生物中心、草业中心、玉米中心等 8 个部门的专家组成科技小院专家团队，开展百枣园和低劣枣园改造，在山上种鲜食玉米、林下培养食用菌、梯田栽百合、路边种观赏草，开设乡村大讲堂传播文化知识，引入社会企业开展民宿经营，通过 3 年时间，打造了一个三季有花赏、有景看、有果采的京西美丽乡村，实现人均增收 4 万余元，成为了远近闻名的脱贫致富先进村。

| 统一LOGO | 统一标语 | 统一外观 | 统一结构 |

图3-6 北京市农林科学院科技小院"四统一"建设标准

（4）示范基地模式

示范基地模式是农业科研单位开展农业科技推广工作的最主要、最常见形式。农业科研单位出于承担课题或科研工作需要，往往会与一些生产性基地合作建立示范基地，示范推广一些最新研究成果（新品种、新技术、新成果等），在获取生产一线推广数据的同时，也推动了农业科研成果的推广应用。这种"示范基地"建设模式立足科研项目需要，而不是生产基地实际发展需要，一旦科研项目任务完成了，在示范基地推广应用的研究成果也慢慢萎缩、消亡了，往往不具备可持续发展能力。

针对示范基地模式的弊病，北京市农林科学院自 2014 年起开始探索实施了"双百对接"工程（百名专家百个基地对接），以农业新型生产经营主体科技能力提升为出发点，立足对接服务基地的生产实际情况，组织科技推广服务专家与对接服务基地建立"一帮一""点对点"精准对接服务关系。同时，制定《北京市农林科学院"双百对接"工作方案》，形成了一套以"一对一""一站式""一条龙"为核心内容，以"扁平化""精准化""双向化"为显著特征的新型"示范基地"建设模式（图 3-7）。

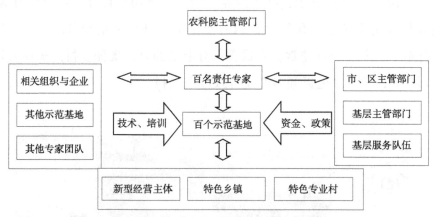

图3-7　北京市农林科学院"双百对接"科技推广模式

2014 年以来，北京市农林科学院累计建立"双百对接"基地 367 个，累计推广了林果类、蔬菜类、茄果类、玉米、小麦、肉用种鸽、北京油鸡等 300 多种优新品种（系），示范了一批高效生产和质量控制技术，如在玉米小麦粮食作物种植业方面，示范了良种繁育技术、种子包衣技术及高产节水节肥栽培技术，实现了农业节水节肥和粮食产量提高，对京郊玉米、小麦品种更新换代起到积极作用，抗旱品种普及率达到 80% 以上，实现农户年均增收 1050.8 元 / 户。"双百对接"基地成为该院在京郊留得住、带不走、可持续的示范窗口与前沿阵地，直接或间接提升了一批新型农业经营主体、特色镇村发展能力。

（三）双"四极"科技推广服务模式的经验与启示

按照农业推广知识与信息系统理论，农业科研单位存在的"强成果""弱体系"体征是其开展农业科技推广工作绕不过去的现实。北京市农林科学院构建的双"四极"农业科技推广模式，通过打好"资源整合"牌、"方式创新"牌，建立科研单位农业科技推广的主体地位，通过资源互补融入全市农技推广工作整体版图，规避"弱体系"劣势，同时发挥"强成果"优势，通过方法创新绕过强大的国家农技推广体系，形成科研单位农技推广方式方法体系，成为新时期农业科研单位开展农业科技推广工作的先行者和探索者。

1. 坚持产学研结合，对接生产实际开展研究与推广

通过双"四极"科技推广工作实践，围绕产业发展需求开展研究和示范推广，构建起科研亚系统、推广亚系统、农户亚系统之间的沟通桥梁，很好地发挥了农业科研单位在我国农技推广体系"多元主体"作用。一方面，农业专家将田间地头当成课堂，直接将科研成果应用到农业生产第一线，与农民面对面交流，对其进行技术指导，解决他们生产中碰到的实际困难；另一方面，专家获得第一手鲜活的试验数据，把在生产一线遇到的难点问题带回单位开展针对性研究与集体攻关。通过产学研紧密结合，既解决了农业生产技术难题，农民可以眼见为实、真正学到最需要的农业技术，又实现了农业科研与科技推广契合的问题，真正实现了"论文写在大地上、成果送进百姓家"。

2. 整合统筹优势资源，形成农业科技推广服务合力

农业科技的推广、成果转化必须契合地方农业的产业结构特点、区域经济发展实际，因地制宜、加强合作，这样才能形成科技推广服务的强大合力。双"四极"科技推广模式立足各村、镇的现实情况，以农业科研单位为核心，不断强化与地方政府间的合作，充分整合北京市农林科学院、地方政府、基层农技人员、专业大户、家庭农场、农民专业合作社、农业（民）协会、涉农企业、"一村一品"专业生产村、企事业单位试验示范基地等各方面的力量，以及其他农业高校和科研院所的优势资源，形成强大的农技推广服务合力，从而有效提升龙头企业科技创新能力、农民专业合作社的生产和示范带动能力、低收入专业村产业后劲，推动了特色乡镇产业转型升级。

3. 创新农技推广载体，提升农技推广服务水平

提升基层农技推广服务能力要构建支撑体系，尤其是要大力创新推广载体。双"四极"科技推广模式在充分借鉴国内外先进农业科技推广模式的基础上，结合区域农业发展实际情况，积极探索，明确功能定位，搭建农业科技综合服务试验站、专家工作站、北京科技小院、科技示范基地等区域农业科技推广载体，将自身的优秀农业科技成果推广出去，并依托这些农技推广载体构建了结构完整的农业科技推广网络体系，推广网络以服务区域为中心区，向周围的村、镇辐射，达到了以点带面的效果；提升了农业科技推广的效用，增强了农业科研单位农业科技服务能力。

4. 加强农技推广队伍建设，夯实产业发展人才基础

农业科技推广既要把新品种、新材料、新设备等有形的科技成果推广到农村，又要将新技术等无形的科技成果传授给农户，这就要求重视农技推广队伍建设，注重新型职业农民的教育培养以实现科技示范作用。北京市农林科学院在双"四极"科技推广工作过程中，注重对北京市农林科学院科技推广人员的考核，把考核结果作为聘任、晋升的重要依据；有力促进基层推广人员与北京市农林科学院专家对接，拓展渠道帮助基层农技人员开展业务培训；举办培训班，对农业科技示范户进行培训，培训内容涉及现代经营理念、现代生产方式等，培养出一批土专家充实到推广队伍中来，起到了很好的示范作用，从而在人力上保障了农业科技推广的顺利开展。

第四章

农业科技综合服务试验站的实践路径

近年来，北京市农林科学院不断创新科技服务理念，认真组织开展现代农业科技综合示范基地建设，切实推进农业科技创新与集成示范，为现代农业加快发展提供了重要的科技支撑，现已基本形成政府推动下，以农业科研院所为依托、以地方主导产业开发和市场需求为导向、以首席专家领衔的多学科专家团队实施产业对接、以基层农技力量为骨干、以试验站为重要载体的农业科技推广新模式。

一、试验站建设背景

（一）政策背景

20世纪80年代以来，我国政府在改革开放的大背景下对原有的农业科研体系进行了一系列的改革，对提高农业科技创新水平、促进成果推广及其产业化都产生了积极作用，但同时现有农业科研体制在运行中也暴露出了一些根本性问题。例如，科技资金投入不足，利用效率低下；科研结构不合理，项目重复设置，管理层次不清；人员编制臃肿的同时，技术人才大量流失；农业科技成果的转化和推广效率不高等。为提高农业科研效率，并从整体上提升我国农业的自主创新能力，从国家层面上要求建立新型的国家创新基地、区域创新中心和地方试验站的三级体系。

作为新的国家农业科技创新体系重要组成部分的农业综合试验站，一方面要结合当地的实际情况对一些基础研究和重大科技成果进行熟化和推广，另一方面要通过对科技成果实施情况的了解为整个科技创新体系的运行提供反馈信息。因此，需要农业综合试验站具备以下功能。首先是"延伸"功能。试验站首要的职责是负责区域内重大科技成果的熟化、组装、集成、配套，增强其适用性，即通过建立实验和示范区，配备相应的技术指导和科技服务，结合当地的资源条件和气候条件，促进区域内重大科技成果转化，使其转化成现实的生产力。其次是"创新"功能。综合试验站应当承担一些具有本地区特点的农业技术创新，即结合本地区的气候特点、地理位置和经济结构特点，针对农业生产中存在的技术难题和突发问题进行研发创新。最后是"推广"功能。基层试验站要充分利用自身的资源优势，对新技术、新品种的推广提供技术指导和必要的配套服务。在这种背景下农业综合试验站在全国各地纷纷建立，试验作物种类多样，成果显著，试验站建立和发展的环境越来越好。

从国家层面上，2012年中央一号文件提出要"鼓励高等学校、科研院所建立农业试验示范基地，推行专家大院、校市联建、院县共建等服务模式，集成、熟化、推广农业技术成果"。从北京层面上，2011年《北京市人民政府关于进一步促进科技成果转化和产业化的指导意见》（京政发〔2011〕12号）提出"加强科技成果转化基地建设"；《北京市人民政府关于进一步加强农业科技工作的意见》（京政发〔2012〕39号）指出，开展农业科技综合服务试验站建设试点，探索建立科研院所、高等学校农业技术推广服务新机制、新模式。组织相关单位在远郊区县建立区域农业科技综合服务试验站，开展相关科研协作攻关和农业技术推广服务；2014年制定了《北京市人民政府加快推进科研机构科技成果转化和产业化的若干意见（试行）》，提出"加强对科研机构新技术新产品的应用和推广""建立市、区（县）两级科技成果转化用地协调机制，鼓励科研机构科技成果在区县转化落地"，多次、反复强调加强科技成果转化基地包括区域农业科技综合服务试验站的建设。

（二）现实背景

1. 服务区域农业发展、拓展农业功能的需要

当前，北京农业产业现状与现代农业发展目标仍有一定差距，如农业的自然资源和产业资源优势发挥有待提升，缺乏有效整合；农业产业的质量和规模提升较慢，市场化程度不高；农业产业结构不甚合理，以大兴区为例，一产规模大，二产较弱，以发挥本地区位资源优势为主导的观光、体验型农业很微弱，缺少特色品牌、产品，农产品市场化程度较低等，这些问题亟须在技术、管理等各个方面对当地农业产业进行支撑和引导。通过建立试验站，加强院区合作，有助于更好地推动区域农业的系统发展，拓展并提升农业的科技展示、休闲观光等功能，增加农业附加值，推动农业环境向生态友好方向发展。

2. 对接区域农业科技服务队伍、促进服务机制创新的需要

现阶段，农技推广服务体系呈现出两个显著变化。一是服务主体的变化。就农业经营主体来说，除了分散的家庭主体，还涌现出种粮大户、农民合作组织、农业龙头企业和涉农高新技术企业等其他主体。这些经营主体具有服务的双重性，既可能是服务的对象，也可能是服务的主体。二是服务内容的变化。现在的农业科技服务不仅是对农业生产和经营的服务，更重要的是对农业产业的服务，包括企业孵化、科技金融、职业培训等高端服务。服务主体和内容发生变化，服务方式和模式也必然顺势而变。各区、镇农技推广站是农业技术推广的主力军，而北京市农林科学院拥有农业领域的技术积累和专家团队，通过区域农业科技综合服务试验站的建设，将汇集北京市农林科学院最新适用科技成果，共建培训平台，探索新型共同工作机制，试验示范并推广系列新品种、新技术，促进当地主导产业的发展。

3. 整合资源、提升北京市农林科学院综合服务能力的需要

在京郊面临都市型现代农业快速发展的新形势下，如何深入贯彻落实中央一号文件、北京市相关文件精神，北京市农林科学院还需要高起点谋划科技服务工作，加快成果转化与应用，需要从不同层面为当地农业发展提供科技保障，而要发挥最佳效益，则应以区域为平台，根据需求导向，创新机

制,最大限度地整合相关力量。通过农业科技综合服务试验站的建设,进行有益的机制探索,抓住区域主导农业产业和核心科技需求,促进全院资源整合,建立专业服务团队,对接村级全科农技员,提升综合服务能力。

二、试验站工作思路

(一)定位

围绕北京市都市型现代农业发展目标,依托地方政府,整合北京市农林科学院的科技、人才、成果等资源优势,按照公益性有偿服务原则,积极开展农业科研田间试验、展示名特优新科技成果、示范推广先进适用科学技术、辐射带动区域性农业产业发展,将农业综合服务试验站建设成为当地政府基层农技推广体系的重要力量。综合服务试验站一般为农业科研单位与区(县)级或镇(乡)级农技推广机构共建,立足于某一具体区域产业发展,通过整合不同学科、不同专业科研力量,围绕区域产业发展中的瓶颈问题和关键性问题,开展各学科协同技术攻关、试验中试,打造区域性科技中心,形成区域产业发展技术解决方案,并通过集成展示、示范推广等方式全面带动区域农业生产水平提升。

(二)原则

1.院地联合、齐抓共管

汇聚院地双方资源,建立院地联合的管理服务平台,上可集成国内外先进科研成果,下可连接生产经营者现实科技需求,统筹谋划、强化协商、齐抓共管、注重实效,提高试验站的系统性和落地性。

2.需求为本、集成服务

以区域性农业科技需求为主,突出重点工作领域和重点产业,以北京市农林科学院全院科技服务资源为主体,打破研究所(中心)、专业领域界限,以产业为链条、以产品为主线,整合资源、部门联动、分工协作、合力推进。

3.以点带面、服务产业

围绕当地最迫切解决的科技问题进行集中科技攻关,选取具有一定示范带动效益的示范点采取重点开展科技服务，充分发挥科技服务的"涓流效应"，进一步带动区域以及周边乡镇、区县的产业提升。

4．开放办站、汇聚资源

本着开放办站的原则，试验站相关区域和设施均面向国家级、市级、区级各类农业教学科研推广单位以及广大社会公众开放，构建起各级资源的汇聚平台，打造北京市农林科学院农业综合服务试验站品牌。

（三）功能

立足区域农业产业发展需求，试验站应具备以下6种功能。

1．实验中试功能

结合区域产业发展需求及亟须解决的技术问题，系统开展水／土／污染物监测等基础性实验、品种／技术／装备等新成果熟化的应用性研究、生产问题集成解决方案的生产性研究等。

2．集成展示功能

开展各类新品种、新技术、新装备的展示与集成示范，形成北京市农林科学院成果对外可看、可感、可学的重要展示示范窗口。

3．示范推广功能

建立一系列科技成果试验示范和推广辐射基地，引导种植大户、合作社、企业等农业新型生产经营主体应用和转化，推动区域性农业产业发展。

4．人才培训功能

通过网络、电视、观摩、培训、指导等多种途径，开展基层农技推广人员、全科农技员和农业生产经营者的系统培训，提升基层农技推广人员科学素质，培养职业新型农民。

5．公共服务功能

开展农田环境监测检测、农产品质量安全检测、农业信息服务等其他公共服务，形成区域性农业科技公共服务综合平台。

（四）目标

在京郊建立5~10个试验站，形成一套北京市农林科学院农业综合服务试验站建站模式。通过 10 年努力，通过试验站的引领和带动，每个试验站扶持形成具有区域特色的优势产业 1~2 个，形成 1 套标准化、规范化的农产品质量检测体系，设计开发具有一定前瞻性、引领性的特色产品 10 个以上，辐射带动 10 个高标准、高科技、高效益的农业示范基地，累计培养 100 个高水平、留得住的地方性科技推广人才，探索形成一套基于试验站的新型区域性农技推广新模式，有效促进当地农村科技进步、带动农业产业升级、推动农民收入增收。

（五）布局

每个综合服务试验站在地理空间上应具备以下 6 个方面功能布局。

1. 办公区

配备电话、电脑、传真、打印机、复印机、网络等基本办公设施，用于驻站人员及流动专家开展科研实验、示范推广、咨询服务等相关工作。

2. 专家食宿区

配备盥洗、淋浴、住宿、饮食等基本食宿设施，为驻站人员及流动专家提供基本食宿保障。

3. 实验检测区

配备基本的实验仪器设备，初步具备完成接样、准备、制样、烘干、冷藏、样品保存、计量、病虫镜检、种子芽率检测、农产品质量安全检测等基本实验功能。

4. 会议培训区

配备基本的会议培训设施，具备召开会议、组织技术培训、开展远程教育、观看视频资料等相关功能。

5. 科研实验区

重点用于以北京市农林科学院为主的新品种、新技术、新成果的研发、中试、展示等相关工作。

6. 示范推广区

以周边合作社、企业、专业大户等新型经营主体为依托，每年选取 3~5 个以上。重点开展新品种、新技术、新成果的试验示范等相关工作。

三、试验站做法与成效

截至 2019 年，北京市农林科学院已开展实践探索的农业综合服务试验站有 3 个，分别是长子营综合服务试验站、房山综合服务试验站和通州综合服务试验站，而由北京市农林科学院与长子营镇政府于 2012 年合作共建的长子营试验站在所有试验站建设中非常具有典型性。

（一）主要做法

1.稳定基地建设，加强组织管理和制度建设

建立稳定的试验示范基地。长子营试验站（图 4-1）位于罗庄航空食品原材料基地，通过整体设计，筛选科研及展示项目，实现分区展示。试验

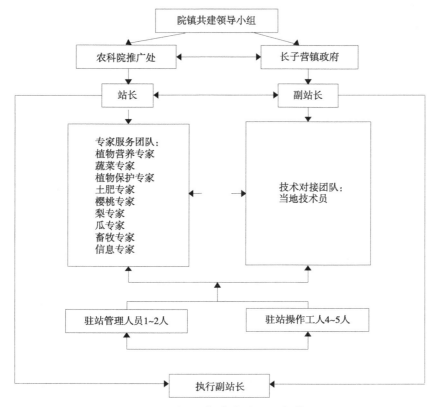

图4-1　长子营试验站组织架构

站有 16 栋试验展示日光温室、200 m² 实验室及专家办公室、宿舍、培训教室等硬件条件，保障了驻站专家和学生的正常工作、学习和生活。配备了部分小型农机具，能够开展基本的科学实验、技术展示示范、检测化验等，推动品种、技术、成果的转化应用。

确定试验站管理机构。成立领导小组，由北京市农林科学院主管院长和长子营镇主管镇长共同组成，统筹、决策、协调和监督试验站的运行管理。成立试验站管理办公室，设站长 1 名，由北京市农林科学院人员担任，负责制定试验站年度工作计划和目标，并监督实施，组织专家服务队伍开展科技推广服务，协调解决试验站日常运行中的各种问题。设副站长 2 名，由院镇双方人员共同组成，配合站长工作，并负责具体实施。试验站管理办公室向领导小组汇报工作，并接受考核。试验站运营经营由日常管理维护经费和项目经费组成，前者由市、区、镇财政经费支持，并纳入财政管理，后者由专家申请，依据项目要求管理。试验站可在政策允许范围内吸收社会资金，开展有偿服务。

组建多学科专家团队。北京市农林科学院围绕大兴区农业产业需求及长子营"航食小镇"建设需求，组建了一支由首席专家领衔（试验站站长）、汇聚蔬菜、林果、畜牧、植物营养、植保、生物、草业、农业信息、食品安全等相关学科共 23 名专家的工作服务团队，其中固定驻站专家 14 人、负责开展各自专业领域的试验展示与技术培训工作，流动驻站专家 9 人、负责开展技术指导与培训工作，与地方农技力量共同组成了服务地方产发展的农业科技队伍。

加强相关制度机制建设。建立站长负责制，明确站长、副站长职责及工作要求。开展项目带动机制，鼓励各级专家以试验站为平台申请科研项目，形成的科研成果优先推广。实施青年培养机制，鼓励青年人员驻站开展各项工作，在实践中发现问题解决问题，并为青年科技人员安排适当的合作导师、专家，以传帮带形式，促进其成长成才。建立专家农户"一对一"制度，每位专家至少对接 1 个基层农业生产单元，全面指导或参与生产管理全过程。建立定期培训指导制度，定期面向当地新型农业经营主体进行技术咨询与培训服务。实施多方联动推广服务，全面对接乡镇科技推广人员、村级全科农技员、农业科技示范户等，构建"试验站专家—技术人员（全科农技员）—生产经营主体"三级信息传导模式，利用"涓流效应"建立多方联动的推广服务体系。建立考核评估制度。

2. 实地调研了解需求，实现技术供需有效对接

开展实地调研，了解当地需求。北京市农林科学院组建了专家团队和工作团队，对长子营镇进行全面实地走访，了解长子营的实际情况和迫切需求。大兴区长子营镇位于北京市东南，农业生产条件好，全镇耕地44639亩，其中蔬菜占地14302亩，果树占地7703亩，已成当地主导产业，建设形成了一些有特色的种养殖基地，如以生态循环农业闻名的留民营生态农场，以生菜、菜花等蔬菜种植闻名的民安路北部蔬菜产业带，以梨树、樱桃等果树种植闻名的南部果蔬产业带，以肉鸽养殖知名的泰丰养殖基地，农业产业特色较为突出，农产品已占据较大市场份额，5000亩生菜基地产品直供霞浦超市，占地100亩的肉鸽养殖基地产品供不应求，其已成为区镇重点发展特色产品。此外，当地区位优势日益突出，将进一步带动该区域农业产业快速发展：一是亦庄工业园区落户长子营北部；二是新机场建设毗邻该镇，对于果蔬产品形成了新的市场需求空间，发展与壮大以鲜切蔬菜生产与加工为核心的新产业迫在眉睫。

虽然长子营镇农业产业已有一定规模，但发展中仍面临一些问题。一是资源没有整合做强，未形成休闲观光特色；二是果树栽培用工量大、劳动效率低、比较效益差，影响农业产业的长远发展；三是全镇果、菜产量虽高达13万吨，但因为技术含量低，商品价值较低，影响农民收入；四是劳动力结构表现出"劳动力女性化""劳动力老龄化"的双重特点，再加上"种植业的机械化水平不高，用工投入较大""生产设施条件落后，不适宜机械化进行操作"，成为制约产业发展的因素。从全镇精品农业发展着眼，在以下几个方面存在迫切的需求：一是北部蔬菜产业带，需要引进蔬菜新品种、育苗新技术、简化栽培技术引进、高效生产试验示范等；二是果树基地，需要进行果树树形优化、以有机肥为核心的养分优化管理等技术；三是泰丰乳鸽基地，亟须提升集约化养殖水平，发展全价饲料喂养技术、强化并完善肉鸽疾病防控诊断免疫程序等；四是各类基地都需要进一步加强品牌培育、信息服务工作。

针对实际需求，有效开展对接服务工作。进行蔬菜轻简化育苗技术的研发与示范推广、蔬菜病虫害全程防控技术与试验示范、蔬菜废弃物好氧堆肥处理技术的研究、规模肉鸽全价颗粒饲料饲喂效果实验等。开展了优良蔬菜品种筛选与引进，进行生菜种类、品种评价、展示与示范，分别筛选出适合北京炎热夏季和秋季种植的产量好、品质好、抗病指数高品种。试验站通过建立 3 类推广辐射基地——瓜菜基地、果树基地和肉鸽养殖基地，进行蔬菜高效栽培、西瓜栽培、生菜与番茄育苗、樱桃与梨的高效栽培管理、肉鸽养殖与饲料优化防疫等技术的推广应用，引导种植大户、合作社、企业等农业新型生产经营主体应用和转化，推动区域性农业产业发展。为推进技术培训和科技对接工作，利用长子营镇河津营村和东北台村 2个培训基地实施培训工作，前者重点实施蔬菜栽培、肉鸽养殖及相关内容的培训，后者重点实施果树栽培及相关内容的培训。试验站开展农田环境监测检测、农产品质量安全检测、农业信息服务及其他公共服务，形成区域性农业科技公共服务综合平台。定期动态监测河道污水、池塘水面污水治理与水体。按月完成水体质量动态监测、分析与评估，提出镇域河道污染及村级池塘水体污染的治理方案，推进"生态小镇"建设。

（二）取得成效

1.对当地产业的促进

（1）采取"试验站＋航食＋新型经营主体"模式，引进新品种

针对航空食品对蔬菜原材料的需求，围绕优质、生态、高效、高附加值、省力等目标，积极开展适合长子营镇生产和加工的国内外优新航食蔬菜品种资源引进与筛选工作，引进冰草、薄荷、罗勒等新奇特的叶菜品种20 余个。围绕航空配餐、航空食品加工，引进了北京市裕农优质农产品种植公司投资建设航食加工展示示范园；引进天天果园电子商务有限公司，以长子营镇农产品为重点，加快与航食企业对接，打造航食原材料品牌。目前，长子营镇冬枣已经成为天天果园的线上产品。围绕当地蔬菜产业发展需求，为当地提供果蔬新品种 6 个，筛选出适合北京炎热夏季种植的耐抽

薹品种（铁人和芬妮），以及适合北京秋季的高产品种（猎虎 101、Atx102、达能 901 等）；进行了芹菜种类、品种评价、展示与示范，筛选出适合当地日光温室密植种植、产量好、品质好品种（08017 和 08024），筛选出露地种植、产量好、品质好、抗病指数高品种（TC08024、TC08042、TC37011 等）。示范推广叶菜育苗基质产品 2 个，研发农用资材 2 种，建立生菜、番茄相关技术规范。

（2）采取"试验站＋基地＋新型农业经营主体"模式，推广新技术

开展果树、西甜瓜、养殖高效管理技术示范与推广。通过服务试验站牵线搭桥，联合院及区镇各有关单位果树、西甜瓜、养殖等方面专家，依托大兴区典型果蔬、西甜瓜、养殖基地，在调研技术现状及需求的基础上，因势利导，筛选、引入适用技术和装备。进行樱桃树、梨树等省力化栽培技术的研究与示范，对樱桃成龄树树形改造、梨园密植圆柱形树形整形修剪进行技术指导，简化修剪技术。建立樱桃、梨、肉鸽等相关技术规范。进行了规模肉鸽饲养技术试验示范，包括：引进敞开式自动落料食槽、自走式自动饲喂机、阶梯式饲养笼具、自动清粪设备、全价饲料及其配方原料组合、肉鸽疾病防控试验示范等。蔬菜质量安全控制技术推广应用。试验站专家团队大力推广省力化栽培技术，建设叶菜生菜专用连栋育苗棚室，设计并研发移动式苗床，试验示范基质育苗、水肥一体化管理、土壤耕作做畦机械化、土壤快速培肥、蔬菜废弃物高效处理与循环再利用等内容，集成组装轻简高效栽培技术体系，引入自动播种机等。推广温室东西向排跨种植技术。在现代化连栋育苗温室中推广温室东西向排跨种植技术，屋脊走向为南北向，为当地叶类蔬菜的育苗及生产提供了优化的生产棚型，不仅最大限度地利用了土地面积，而且还十分适于棚内的机械化操作，为大马力机械进行反耕、机械化移栽等设备的进入提供条件，减轻了劳动强度，也为进一步推广叶类蔬菜轻简化栽培技术创造契机，为提升本地的叶菜生产效率提供范例。全大兴区共建立 7 个核心示范基地面积达到 6900 亩（肉鸽年出栏量 100 万羽），通过基地向周边辐射面积 1.6 万亩，两年累计示范推广面积 3.2 万亩（肉鸽年出栏量 186 万羽）。据测算，以生菜为主的叶类蔬菜及果类蔬菜平均节本增收 1450~1600 元／亩，以梨、樱桃为主的果蔬

平均节本增收 970~1160 元 / 亩，西瓜平均节本增收 1950 元 / 亩，肉鸽平均节本增收 0.52 元 / 羽。项目执行期间在大兴地区的累计增效达到 5560 万元，极大地推动了当地产业的发展。

（3）采取"试验站 + 航食 + 基地"模式，强化农产品安全生产

开发五大生产监管系统。为保障农产品安全生产，利用现代物联网技术，开发了农资监管 POS 系统、生产基地移动管理系统、农产品质量追溯系统、移动监管执法系统、移动安全信息采集系统，以及农产品质量安全监管服务平台"五合一"的系统平台，实现温度、湿度、光照、图片等资料的原位连续采集，园区管理可视化、智能化、信息化，实现各平台之间的信息互通管理，实现农产品生产源头控制及全程跟踪追溯，提高了航空食品原料安全生产管理能力。制定"航食"原料生产标准。研究制定《长子营镇主要农产品质量抽样检测方案》，保障长子营镇主要农产品生产安全；研究制定《航空食品原料采购、贮藏、加工、运输安全技术规程》《航空食品原料合格供应商评价准则》《长子营镇主要农产品质量抽样检测方案》，保障供应商产品安全。实施"航食"鲜切加工技术指导示范。结合航空食品加工车间建设要求，对加工车间的设计、鲜切生产线的规划、鲜切关键技术等方面提供技术指导，确保果蔬鲜切加工生产线建设符合现代化航食加工要求。

（4）采取"试验站 + 远程培训 + 农户"模式，加强农业信息化与品牌建设技术示范

建设远程教育培训站点。在河津营村与东北台村建立 2 个远程教育培训点，实现当地科技服务站的在线直播与点播培训。在试验站终端电脑上安装专家远程双向视频咨询诊断系统，实现当地农技员、农民与市级专家的在线远程科技咨询。利用农业科技电话语音咨询服务平台，实现农业科技电话语音咨询与网络在线答疑服务。注入农业数字信息资源库，丰富当地科技服务站的科技资源，实现资源本地化服务。安装远程教育系统，向农民播出农业科技远程培训技术课件。研发"U 农蔬菜通"产品，助力蔬菜新品种与信息技术的普及应用。该产品针对蔬菜生产的技术需求，以 U 盘为载体，整合了蔬菜生产的品种、栽培技术和病虫害防治等技术信息，

以及病虫害智能诊断系统，覆盖了120多种蔬菜5000多种品种和技术。研发"U农果树通"技术产品，为当地果蔬产业服务。该产品集果树品种、栽培技术、病虫害防治技术、多媒体课件于一体，融物种分类导航、自然语言检索、在线远程更新、咨询服务功能、动漫科普于一身，内置知识库、分词工具与智能搜索引擎，可使果农轻松掌握各种最新最全的果树栽培知识。开展宣传和培训指导相结合，促进农产品销售和品牌提升。组织农产品市场营销的远程直播培训。根据当地产业发展需求，聘请市场营销的专家进行农产品品牌提升的指导。利用网络等技术手段为当地进行农产品市场营销的宣传。据统计，到目前为止，共组织技术培训会、观摩会94次，对接村级全科农技员40人，直接培训各类农民3700余人，通过现场指导、电话、网络等形式培训农民1500余人次，总计培训农户超过8000人次，传播农业实用技术20余项。发放"U农蔬菜通"、果树通技术产品近400套，解决果蔬剪枝、树形整理、病虫害防治以及蔬菜栽培管理、土肥应用等技术问题30多个，直接受益人群达到近万人，间接带动3万人以上，为当地蔬菜、果树生产减少损失、农业节本增收可达数十万元。

2.对科研院所推广工作的推动

（1）推动科研成果转化

试验站建设促进了科技创新和项目申报。由于试验站建设直接面向生产和产业发展，增强了科研选题的针对性，促进了项目申报，实现科研项目"来源于生产，应用到生产"，多项技术在服务当地特色产业发展中实现突破，如轻简化、南北向种植技术都是解决当地产业发展瓶颈的突破性技术，获得了当地政府的高度重视。围绕航食蔬菜安全生产、蔬菜轻简化栽培模式等工作形成了技术规程，部分技术已经在全市得到了广泛应用。其中，试验站服务团队先后于2014年度、2017年度分别荣获北京市农林科学院"科技惠农行动计划优秀团队奖"。《农民日报》于2017年2月25日、2019年4月12日先后两次对该站实践活动进行了专题报道，引起了强烈社会反响。

（2）提高科研人员能力

在试验站科技推广模式下，专家的科技推广思维方式发生转变，将科技推广当成自己的事情，由"被动做"转变为"主动做"，专家与基层技术人员、农户的直接互动增多。通过青年培训机制鼓励青年人员驻站开展各项工作，促进青年人员不断提高发现问题、分析问题和解决问题的能力，接受新事物和应对突发事件的能力得到增强，青年科研人员的科研能力与创新能力得到大幅提高。

（3）扩大资源集成示范效应

以试验站为辐射源，围绕长子营镇速生叶菜、精品梨、樱桃、肉鸽等产业科技需求，开展蔬菜、林果、畜牧、植物营养、植保、生物、草业、农业信息、食品安全等研究与集成示范工作。先后建立叶类蔬菜高效生产、标准化精品梨园、古梨园复壮栽培、优质果蔬安全生产、果园轻简化栽培、西瓜简约化栽培、规模肉鸽养殖技术服务等 7 个示范基地，建立生菜、番茄、樱桃、梨、肉鸽等相关技术规范 5 项，有效地促进了农民增收和农业增效。

（三）创新点

1. 科技推广管理方式创新

开展"农业科研院所＋试验站＋政府"管理模式。围绕地方主导产业发展实施院镇合作共建试验站，北京市农林科学院、长子营镇政府的相关领导，都处于试验站的领导层，参与试验站的管理。北京市农林科学院将试验站的事情当成自己的事情，而不是像其他示范基地一样，仅作为介入当地产业发展的第三方；对于长子营镇政府来讲，通过共同管理试验站推动科技推广，参与了地方产业发展，提高了参与积极性。开展"试验站＋驻站专家"管理模式，专家分为固定驻站专家和流动驻站专家，且分工各有不同，围绕并解决制约区域产业发展关键技术，建立专家农户"一对一"制度，鼓励青年人员驻站开展各项工作，为培养锻炼人才提供了极好的平台。

2. 科技推广服务方式创新

以试验站为平台，建立"专家＋政府公益农技推广人员（＋农业新型经营主体）＋农户"技术传播渠道，依托于大兴区农技员管理制度，即政府当地技术员联系至少 20 个示范户或村的制度，示范给农技员学会之后，通过"涓流效应"带动周边人应用，发挥科技二传手的作用。周边上年纪的农民是种菜的老把式，接受程度弱，思维转变周期长，对于专家的短期培训，可能一时无法快速接受，通过试验站推广模式，可以随时去基地看、学，经过 1~2 年潜移默化的影响，理解和应用新技术也就水到渠成。通过这种技术传播渠道，一方面实现了科技成果源头与公益体系的有效对接，另一方面充分发挥了新型经营主体的示范带动作用。

四、试验站建设存在的问题

（一）实验基地存在不确定性

试验站用地一般由镇政府提供，北京市农林科学院可以开展工作和做试验，对各项试验的安排没有自主权，真正种什么、做什么，需要与当地政府商议才能决定，纵使驻站专家有"撸起袖子加油干"的决心，但因为存在"后顾之忧"，担心实验结果而"不敢干、放弃干"。当地方政府行政领导职务发生变更时，地方政府工作重点也会出现变化，导致试验站建设缺乏稳定、系统的支持，可能导致未来的实验基地存在不确定性，极大地影响了驻站专家的创新热情。

（二）当地政府的科研经费支持不足

一个农作物新品种的推广，一般要经过 1 年预备试验、2 年区域试验、1 年以上生产试验、至少 1 年的大面积生产示范，才能推广于大面积生产应用。因此，可以看出所用的费用将是很大的。虽然对于各试验站项目，北京市农委和北京市农林科学院科技推广处给了很大的政策和经费支持，但是由于区域试验属于公益性、基础性工作，当地政府给予的经费支持不够，对试验站的经费投入有待提高，试验站对社会各类资金的吸引能力也有待提高。

（三）劳动者素质有待提高

留守农民年龄偏大，再加上地方政府出于安全责任的考虑，农民培训的积极性不高，培训面临难题，劳动者素质有待提高。试验站点固定的田间管理人员偏少，雇请的临时劳动力素质不高、田间管理经验缺乏，田面不平，旋耙不匀，播种量、基本苗、肥水管理不一致，田间记载、测产、收获、结果上报不及时等问题偶有发生。试验站监督管理机制有待完善，监督管理的落实较难。

（四）实验设备有待进一步改进

试验站建设基地的不稳定性、话语权的弱势性、经费的不足，势必造成先进实验设备、仪器的不足。一是数据记载落后。试验站工作需要记载大量的田间数据，而这些工作不能只处于"用眼看，用手摸，用笔记"的状态，否则数据记载容易出错。二是数据处理手段落后。统计分析工作效率低，田间记载数据出来后往往需要很长时间才能出具试验结果。三是评价手段受局限。现有工作既要着重于记载品种的田间表现，也要兼顾对与品种紧密相关的气候、土壤等因素的作用进行分析，对品种评价的科学性就对实验设备提出了更高的要求。

五、推动农科院农业科技综合服务试验站建设的对策与建议

（一）探索院地共管新模式，建立地方政府稳定、系统支持政策

由于行政领导职务变化、地方政府工作重点变化等原因，导致试验站建设缺乏稳定、系统的支持。与当地政府结合程度如何关系着试验站建设的成败，只有在当地政府稳定支持下建立的试验站才有固定性与长期性，否则会严重制约科研示范工作的开展。要探索农业科研院所和当地政府"合作双赢"的共建模式，建立地方政府对试验站稳定、系统的支持方案，并形成政策、制度。地方政府要不断扭转观念，提高认识，扩大对试验站的资金支持力度，在推广经费的投资方面根据县区农户的技术采纳程度和产业产值比例，适当调配对"试验站"的推广经费支持。另外，对于各类下拨的农业推广科研项目资金，地方政府应适当让出一定的比例用于试验站的技术创新与推广费用。

（二）围绕区域产业科技发展，掌握试验站建设话语权

作为农业科技创新和推广的主力军，农业科研院所可以围绕实际生产需求，不断调整科研方向，加快构建响应国家产业政策、符合区域功能规划的地方农业产业，只有掌握区域产业科技发展的"话语权"，才能加速农业科技成果转化，从而带动区域劳动生产率、土地产出率和资源利用率的提高。在试验站建设用地上，或买或租，探索建立用合同从法律上固定、有稳定地点、具有自主产权的试验站，使驻站专家"撸起袖子加油干"，无后顾之忧，不会因为担心实验结果而"不敢干、放弃干"。

（三）加强市场为导向，提高农民科技素质和科学生产水平

提高农民素质，打造新型职业农民是发展现代农业的根本举措。试验站要以市场为导向，以降低农户生产成本、提高农户收入为目标，加强科技创新与推广。如果一种技术创新能克服农户对市场的后顾之忧，增强其信心，充分挖掘其发展潜力，那么这种创新技术的传播就会非常迅速。基于地方政府的支持，以新型经营主体为技术载体，通过试验示范，充分提高农户的科技素质。要注意农民个体之间的信息传递模式，让农户之间相互学习，即达到"以表证来教习，从实干来学习"。技术创新过程中要树立农民典型，培养一批当地的"田秀才""土专家"，发挥领头雁、科技"代言人"的作用，现身说法，带动农民提高生产技术。

（四）拓宽经费来源和渠道，增强试验站生命力

"试验站"资金支持有限，对社会各类资金吸引能力不足。探索有偿服务，拓宽试验站经费的来源和渠道，鼓励农业科研院所利用自有技术进行市场开发，通过创收增加对试验站的科研投入，支持工商企业和社会对农业科技的合作和投资，以弥补试验站经费不足，从而促进试验站的良性运转，增强试验站生命力。

第五章

专家工作站的实践路径

在科技工作中，北京市农林科学院立足农村发展实际，全面实施科技攻关、科技推广和成果转化（产业化）三大工程，并以科技推广拉动科研、强化成果转化，为发展都市型现代农业注入先进生产力，为实现乡村振兴提供科技支撑。

专家工作站一般为农业科研单位依托行业龙头企业建立，立足于某一具体农业技术领域发展（如林下养鸡），通过系统梳理和汇聚各专业已有科技成果，通过集成创新和综合展示形成技术路径，打造该产业的标杆性、旗舰性成果展示中心，通过技术高地的"涓流效应"引领和带动整个行业的技术更新换代。实践证明，专家工作站有助于整合科研院所、政府、企业等多方资源，实现资源共享、优势互补，促进政产研用紧密结合。

一、专家工作站的建设概况

专家工作站科技推广服务体系借鉴于专家大院型农业技术服务新体系，是 2003 年从陕西杨凌率先发展起来的。2015 年以来，北京市农林科学院本着"立足北京，侧重京津冀，辐射全国"的布局原则，紧紧围绕区域现代农业发展的综合需求，积极开展新农村服务基地建设工作。截至 2020 年，北京市农林科学院已在各地建立不同产业的专家工作站 17 个，分布在北京、河北、陕西等省市，涉及畜禽营养、繁殖、育种、疾病防治，以及蜂养殖、资源与环境、森林培育、森林生态和森林保护等多个领域（表5-1）。专家工作站旨在集成展示北京市农林科学院学科技术成果，打造一个产业科技高地。此外，北京市农林科学院依托信息资源优势，通过建设集成电话、网站、微信、QQ 及 APP 等集成高效服务平台，使工作站与北京市农林科学院、工作站与地方政府（或企业）、工作站与工作站之间资源共享、信息互通，建立了"多元、开放、综合、高效"的运行机制和"双线共推"的农业科研院所科技推广服务模式。

表5-1　专家工作站基本情况

序号	专家工作站名称	所属省市	主要涉及领域
1	坝上特色畜牧业专家工作站	河北	畜禽营养、繁殖、育种、疾病防治等
2	密云蜂业全产业链专家工作站	北京	蜂业全产业链
3	密云水源保护区农业环境保护专家工作站	北京	畜禽养殖、环境保护、病虫害防治、废弃物资源化利用等
4	沽源优质蔬菜专家工作站	河北	蔬菜育种与栽培等
5	密云海华云拓专家工作站	北京	农业废弃物处理与资源化利用等
6	张北地区蔬菜专家工作站	河北	蔬菜育种与栽培等
7	坝上特色农业专家工作站	河北	特色农产品培育等
8	四海功能花卉专家工作站	北京	功能花卉育种与栽培等
9	西安曲江楼观专家工作站	陕西	花卉、草业、畜禽、食用菌培育等
10	顺义绿多乐专家工作站	北京	北京油鸡育种、健康养殖、疾病防治、草业等
11	滦州市林业苗木繁育专家工作站	河北	林业苗木繁育等
12	坝上生态林业研培中心专家工作站	河北	森林培育、森林生态和森林保护等
13	海淀区现代设施农业专家工作站	北京	蔬菜育苗、休闲农业
14	门头沟孟悟生态园果树专家工作站	北京	果树育种、果树栽培、果树新品种示范
15	高品质蔬菜生产流通专家工作站	北京	蔬菜采后加工与储藏
16	密云优质谷子专家工作站	北京	杂粮品种及技术示范
17	密云大树创森集体林场专家工作站	北京	观食两用花卉

专家工作站汇聚北京市农林科学院众多高水平专家力量，共有各领域专家 95 人，其中，副高级以上科技人员占 82.7%，中级以下职称科技人员占 17.3%；博士学位的占 88%，硕士学位的占 10%，本科学位的占 2%。可见，从事专家工作站建设与发展工作的科研人员大多是高学历的高级职称专业人才。

二、专家工作站的工作管理

（一）加强顶层设计

成立由主管副院长牵头、成果转化与推广处统一协调、相关所（中心）全面参与的工作推进领导小组，相关所（中心）相应明确了主管领导和责任人，构建起院、所两级传导迅速、步调一致的组织体系和信息反馈机制，将专家站工作列入每年度的院科技惠农行动计划折子工程，将其纳入所（中心）和科技人员科技推广服务工作的年度考核内容。制定了工作方案，统一院、所两级认识，规范工作机制和工作程序，确保了全院专家站工作的协同管理机制，形成齐抓共管合力。

（二）明确目标任务

一是建立起产学研合作机制，持续提升专家工作站科普服务水平，持续激发基层科普典型示范带动作用，切实把科普惠农工作落实到田间地头，取得实实在在的效果。

二是以专家工作站为依托，加强与高校、科研院所、科技企业等单位的合作，结合农业开发、农业技术推广、科技扶贫等工作，开展农业专家服务团建设，形成一套有利于吸引农业专家参与农村科普工作的激励保障机制，培养一批适应现代农业发展、贴近生产实际、深受群众欢迎的科技专家人才队伍。

三是以专家工作站为枢纽，以专家服务团队为核心，以提高农民科学素质为目的，以农村基层科普典型技术和创新需求为导向，推动现代农业科技传播体系建设，促进科技成果转化与应用，努力把农业专家工作站建设成为科技创新和技术推广中心、人才聚焦和培养中心、农业产业推进和服务中心、信息交流和传递中心，带动农民群众增收致富。

（三）确定服务内容

一是围绕某一产业的全产业链条发展为主线，整合各学科创新成果，以形成具体产业发展模式，成为所处行业领域科技含量领先水平的科技高地和展示中心。

二是结合当地农业产业发展实际，以市场为导向，构建起产学研合作机制，通过农业专家及其团队引进一批科技项目，推动科技成果转化与应用，提高农产品附加值和市场竞争力，为农村经济社会发展提供强有力的科技支撑。

三是围绕基层科普典型的生产需要，依靠农业专家及其团队开展协同创新，切实解决基层科普典型的技术难题，提高基层科普典型科技水平和持续发展能力，力争培育一批具有区域特色的科普品牌、农业品牌。

四是广泛开展农业科技和新型职业农民培训，建立起科技人才培养基地，培育一批创新人才和农村适用技术推广人才，培养一批有文化、懂技术、善经营、会管理的新型职业农民，引导他们创建一批农村专业技术协会和农民专业合作社、家庭农场等新型农业经营主体，提高农民群众的组织化程度，发展壮大基层科普组织队伍。

五是广泛开展农业新品种新技术示范推广工作，促进健全农业技术推广体系，搭建科技、市场信息交流平台，提高农民群众依靠科技增收致富能力，保障农产品有效供给和质量安全，引导服务区域走上产出高效、产品安全、资源节约、环境友好的现代农业发展道路。

（四）强化组织管理

1. 建立工作站站长负责制的专家服务队伍

专家工作站至少有 5 名中级及以上职称并具备 5 年以上从事该行业研究工作经验的相应专业专家组成。专家工作站专家队伍由工作站站长、固定驻站专家、流动驻站专家共同组成，工作站实行站长负责制，由北京市农林科学院专家担任，是工作站日常运行的管理负责人，负责协调和组织专家服务队伍开展工作，聘期3年。固定驻站专家负责专业领域研究工作。流动驻站专家是按照开放办站原则，根据基地日常工作需要，经工作站站长或固定驻站专家邀请从事领域内相关研究工作。

2. 建立分工协作、定期沟通的工作机制

根据工作站工作内容，明确每位团队成员的工作职责和任务，大家分工协作，共同完成。根据专家工作站工作进度要求，专家团队与基地负责人、技术骨干每半年召开一次工作会议，交流工作进展和存在的问题，明确下一步工作计划，并及时向院主管处室汇报。

3. 建立"试验示范—观摩培训—辐射带动"的成果推广运行机制

专家首先在示范基地进行科技成果的试验示范和展示，然后组织周边地区乃至全国农户、企业、基层技术推广人员到基地进行观摩培训，充分发挥基地的示范和辐射带动作用，促进科技成果的转化应用。

4. 建立面向社会开放的科技咨询服务机制

本着开放办站的原则，探索建立面向社会开放的科技咨询服务机制，建立工作站开放式管理制度。首先，对在京涉农科研、教学、推广单位开放，鼓励相关专家流动驻站；其次，工作站所有专家和展示成果均对广大农民群众开放，在开放时间内随时欢迎广大农民前往参观学习、咨询；工作站面向首都市民定期组织开展现场观摩及专家科普培训讲座活动，面向广大社会公众开放，努力构建"面向社会办站、社会参与办站"的开放氛围。

三、专家工作站取得的成效

（一）对当地产业的促进

1. 基地建设水平进一步提升

通过科技集成创新，带动基地基础设施建设与技术体系实现优化与升级。例如，顺义绿多乐专家工作站建立北京油鸡林下养殖示范基地1座，陆续完成了三代鸡舍的设计和建造，形成了林下"别墅"养鸡模式和自动化规模化散养模式。针对传统林下养鸡密度大、植被破坏严重等问题，建立了林地生草"别墅"低密度分散饲养模式，实现了生态环保、动物福利和产品质量的完美结合，有效控制了林地植被的破坏，减少了地表裸露，林地植被覆盖率达到90%以上；同时鸡群可以获得充足的青饲料补充，节约饲料成本10%～15%。

密云水源保护区农业环境保护专家工作站为企业所属北京诚凯成柴鸡养殖专业合作社提供规模化养殖场有害气体固定技术和粪污处理设备与工艺，鸡舍二氧化碳、硫化氢等挥发性有害气体大幅下降，消除鸡舍和鸡粪恶臭气味，实现了健康养殖、清洁生产，无废排放、资源循环利用，增加养殖直接经济效益6%以上。

2. 主导产业发展能力进一步提升

北京市农林科学院突出供需成果导向，从成果供给侧着手，遴选优势品种、技术和产业模式，有效转移转化；同时，以地方农业产业关键技术难题为抓手，从需求侧倒推，增强成果应用针对性。针对四海镇功能花卉产业日益凸显的"新品种缺乏、品种更新困难"以及"主栽品种退化严重、急需进行提纯复壮"等问题，延庆四海功能花卉专家工作站在菜食河、前山、王顺沟、黑汉岭、南湾和楼梁6个村进行功能花卉的示范推广，引进新品种25个、新技术9项、研发并推广新产品32个，并进一步辐射北京和京津冀地区乃至全国。在北京、河南等19个省市建有花卉产业化示范基地20多个，年试验示范推广面积10万亩以上。年培训各类人员2000人次以上。打造了"四海高山胎菊""郦邑贡菊""平谷西柏店食用菊花文化节""四季花海"等著名产品和景观品牌。打造了国内第一家菊花专类上市公司——南阳市天隆茶业科技有限公司。沽源优质蔬菜专家工作站引进规模化滴灌施肥配套技术与产品，为地区提升水肥效率提供新的技术支持，从而解决沽源水资源短缺、超采地下水发展蔬菜产业、资源环境难以承受的问题，推动当地蔬菜产业的发展。

培育区域农业特色产业。专家工作站立足当地农业生产实际和区域特色，把农业生产的科技需求作为工作重点和科研推广方向，为当地现代农业发展提供科技支撑。西安曲江专家工作站积极挖掘农业的多功能属性，从种苗繁育、种植技术、产品开发等全产业链角度开展试验示范，积极培育出独具当地特色、具有推广发展价值的农业产业形态。叶根菜类蔬菜轻简化栽培专家工作站根据坝上实际生产情况，开展优质、抗病、耐寒的蔬菜新品种引进、筛选与示范，重点示范娃娃菜、胡萝卜、洋葱、马铃薯等叶根类蔬菜。

3. 新型农业经营主体发展能力进一步提升

新型经营主体是现代农业发展的主力军，依托专家工作站，北京市农林科学院紧紧围绕"培育新型农业经营主体"开展成果转化、科技服务等工作。绿多乐专家工作站举办技术培训会议 6 次，不定期开展现场观摩，累计人数达到了 500 人次以上。当前，基地已经成为本地区北京油鸡一流的养殖示范基地，起到良好的示范带动作用，已被列入国家肉鸡产业技术体系示范基地、北京市"菜篮子"新型生产经营主体科技能力提升工程示范基地，荣获世界农场动物福利协会颁发的五星级"福利养殖金鸡奖"和"福利养殖金蛋奖"。

培育新型职业农民。专家工作站组织专家为农民举办讲座、手把手传授农业技术、解答农业生产生活问题、科技示范基地带动等途径，影响广大农民自觉地认识科技、学习科技、应用科技和探索科技。坝上特色畜牧业专家工作站进行"北京油鸡品种概况及特性""北京油鸡养殖技术规范"等技术培训，培训养殖技术人员和工人 60 人次，并多次进行现场技术指导。密云蜂业全产业链专家工作站组织周边地区农户、企业、基层技术推广人员到基地进行观摩培训，先后邀请中国农业大学、中国科学院动物研究所的专家现场指导，开展国际培训 2 期，充分发挥基地的示范和辐射带动作用，促进科技成果的转化和应用。

（二）对科研院所的推动作用

1. 推动科研成果转化

专家站工作促进了科技创新和项目申报。由于直接面向生产和产业发展，增强了科研选题的针对性，促进了项目申报，实现科研项目"来源于生产，应用到生产"，多项技术在服务基地产业发展中实现突破。例如，在专家工作站及其他基地研究实验的基础上，专家参与编写专著《设施蔬菜轻简高效栽培》，提出蔬菜生产走轻简化机械化发展道路的理念，以期减少人工成本，促进蔬菜生产转型升级；与欧盟 FERTINNOWA 项目组合作，引进"FertigationBible"版权，中文译为《欧盟灌溉施肥》，将为我国北方少雨区促进精准滴灌施肥提供重要参考和借鉴。

2.农技推广服务能力进一步提升

北京市农林科学院积极发挥自身在科研与推广之间的桥梁纽带作用，努力建设成为上游产业技术体系的科技试验田、下游农技推广体系的技术供给站，通过专家工作站建立起农业新品种、新成果、新技术示范推广基地，并以示范带推广，促进农业科技成果推广应用，实现了科研与推广的有效衔接。西安曲江专家工作站依托示范基地进行成果集成孵化试验，开展种苗组培、扩繁等繁育工作，综合展示相关品种、技术和成果，面向社会开展植保、土肥、检测等各项科技服务工作，力求将示范基地打造成为当地农业技术高地及科技辐射源泉，并以基地为核心，辐射带动周边农村地区农业特色产业提升发展。顺义绿多乐专家工作站开展北京油鸡林下养殖试验示范，示范面积 200 亩，养殖示范规模 2 万只。

2020 年新冠肺炎疫情期间，为做好疫情期间的农业科技服务，工作站专家通过现代信息技术开展直播技术培训，通过微信群组织当地农户参加，提高科学知识和生产技术水平。2020 年 2—3 月，沽源优质蔬菜专家工作站联合河北北方学院、天津市农业发展服务中心、沽源县农业农村局、新疆农垦科学院、甘肃省农业科学院等单位每周开展一次网络直播技术讲座，分别从滴灌用肥、轻简栽培、病害绿色防治、种子带精播等种植环节把接地气的技术向广大种植户和边远地区基层技术人员进行传递，为春耕保驾护航，受到农户和当地政府的大力支持，用实际行动践行了京津冀协同发展以及"政企学农"四位一体推广模式，直播收看共计 1.65 万人次，网络回看还在持续上升，为京津冀及北方蔬菜轻简高效生产注入了科技的力量。

3.聚合资源形成集成示范效应

北京市农林科学院充分发挥科技资源优势，通过技术的集成创新与示范，将专家工作站打造成促进当地现代农业发展的科技集成创新平台。顺义绿多乐专家工作站集成北京市农林科学院北京油鸡育种、健康养殖、疾病防治、牧草种植、废弃物处理等多个学科，建立一支综合性专家服务团队，围绕北京油鸡林下养殖以及循环农业开展技术集成示范。沽源优质蔬菜专家工作站结合张家口坝上地区农业生产现状，以生菜等叶类蔬菜为重点，以规模化绿色生产为主题，通过产学研合作新模式，推行水肥高效管理、生态调控、生物防治、土壤修复等方面亟须的相关科技支撑，提升沽源蔬菜产业的竞争力。密云水源保护区农业环境保护专家工作站发挥北京市农林科学院植环所、草业中心、质标中心、信息所、畜牧所、生物中心等学科综合优势，建立农业面源污染生态防控技术集成示范区。

整合优势资源，集成科技力量。沽源优质蔬菜专家工作站通过"政府＋企业＋大学研究所＋基地农户"四位一体的工作模式，与设在张家口市的河北北方学院建立了合作关系，并进一步与当地农业农村局、蔬菜站、推广站建立了合作关系，同时进一步整合不同企业的力量，把多方面的力量通过专家站的形式整合在一起，对当地蔬菜生产起到了一定的推动和引领作用。

4.社会影响力进一步提升

专家工作站的工作，获得了众多新型农业经营主体的高度认可，赢得了地方政府的肯定，大大提升了北京市农林科学院的知名度和影响力。密云蜂业全产业链专家工作站的相关工作先后在农业农村部网站、首都之窗、农民日报、科技日报、京郊日报等宣传报道8次；参加了科技部改革开放40年献礼——科技助力打赢扶贫攻坚战宣传片《追梦》的拍摄，对工作站科技帮扶密云养蜂脱低成效进行了宣传，并在中国科技网播出；2019年4月工作站还接待了卢彦副市长对北京市农林科学院郊区科技服务工作成效的调研，获得了肯定。四海功能花卉专家工作站科技助力平谷区大兴庄镇西柏店村，大力发展食用菊花产业，举办"西柏店2019食用菊花美食文化节"，被《农民日报》整版报道，被其他各类全国和地方性报道20多次。2019年2月12日，《中国绿色时报》第一版刊登了题为"北京林果院：科技合作服务京津冀"的报道，对坝上生态林业研培中心专家工作站在京津冀科技服务中取得的成绩进行了全方位、多层次、宽领域地介绍。

四、专家工作站存在的问题

北京市农林科学院专家站农技推广服务为地方农业经济发展做出了较多工作，取得了较好的成效，然而通过调研发现，北京市农林科学院专家站工作仍然存在着一些问题和不足，主要表现在以下几个方面。

（一）项目周期有待延长

农业生产具有周期长、受自然环境影响大等特点，因此，农业技术需长时间、稳定持续的推广才能在生产中见到实效。而目前的项目执行期限对某些技术推广来说相对较短，实施效果受限，也给评价带来困难。例如，林果树为多年生物种，新品种、新技术和新模式的实施在短期内对产业推动效益不明显。

（二）服务对象有待明确

农技推广服务对象涉及小农户、种植大户、家庭农场、专业合作社、涉农企业、基层农技推广部门等。在有限的资金支持下，服务对象不明确必然造成"胡子眉毛一起抓"的现象。涉农企业对新技术需求最为迫切，小农户则主要偏重于农业信息的获取。部分基层农技推广部门由于没有生产能力，农村科技服务主要以开展培训、观摩活动形式为主，生产示范带动作用有限。所以，要结合地方产业发展需求，明确农技推广服务的对象是抓住事物主要矛盾，突显科技服务效果的关键。

（三）管理机制有待完善

农技推广服务工作缺乏完善的考核评价及激励机制，影响了专家开展农技推广服务的积极性，评价内容仍重基础、轻应用。在职称晋升、年度绩效考核方面仍以承担国家、省部级科研项目、发表论文等硬性指标为主要评价指标。从事农业科技推广服务工作对专家职称晋升、工作量获得、绩效考核的正向推动作用不是很大，缺乏行之有效的激励机制和绩效管理办法。

五、专家工作站的对策建议

（一）实施稳定持续的经费支持

建议政府在农业科技推广服务方面划拨专项资金，给予稳定的资金支持，并加大投入力度，主要可以在以下几个方面下功夫：一是助推农村一、二、三产业融合发展，加大农业产业链上综合农技推广服务项目的支持力度，而不仅仅是对单项技术的支持；二是加大服务基地建设的投入，增强基地服务能力，特别是在基地物理空间、设施设备、办公、食宿、试验用地（包括建设用地）等软硬件方面给予更多的支持；三是推动服务手段的创新。投入资金支持科技服务信息化平台建设和运行，包括农村科技服务网络平台、手机 APP、微信公众号的搭建和运行以及数据库的建立等，提高农村科技服务的信息化水平。

（二）建立需求导向型的农技推广服务新模式

首先，要以项目为载体，加强同地方政府的合作，认真了解地方农业产业需求，本着学科优势、地方产业优势、地理区位优势"三优势"结合的原则，有选择性地共建科技推广服务基地；其次，把搜集地方生产需求信息、结合生产需求、组织专家开展农技推广服务工作纳入专家工作站的考核内容，推动科技服务舞台更多地转移到田间地头，形成一种"自上而下、自下而上"的双向互动的服务模式；最后，将更多的推广项目资金向服务基地集聚。一方面，可以提高推广项目的实施效果，推广项目的实施一般是对某一项或某几项新品种、新技术、新模式的推广与应用，需要稳定的展示空间和对展示效果科学、有序的管理维护，基地恰恰可以满足。另一方面，有限的项目资源将集中内化为基地永久性发展的基础。基地的建设更加需要项目的持续投入。

（三）加强大学农技推广服务队伍建设

人是生产力中最重要，也是最为活跃的因素。农业科技推广服务队伍建设是农业科研院所开展农技推广服务工作的前提和保障。目前，北京市农林科学院建有一支强大的科研团队，相比之下，农技推广服务团队建设需要进一步加强。一是加强农技推广管理队伍建设。农技推广的管理不同于科学研究工作的管理，管理人员除需要具备一定的专业背景外，还要经常下乡，与地方政府主管农业、科技的部门以及广大基层种养大户打交道，同时配合科研人员开展一些宣传和培训工作等，为此，要吸引那些既懂得专业，又能够吃苦和擅长交际交流的复合型人才加入到农技推广管理队伍中来，并定期进行培训，着手培养一批素质高、能力强、知识面宽的管理人员，以加强农业科研院所农业科技服务工作的管理和服务能力。二是建立专兼职结合的农业科技推广专家团队。一方面，从科研成果，承担农技推广项目情况、农村科技服务经验、获奖情况、社会评价等方面，根据专职、兼职两支队伍的不同性质提出不同的任职条件。另一方面，结合服务基地共建工作，吸纳地方农业部门常年在基层一线开展农技推广服务的"土专家"或具有丰富经验的种养大户加入科技推广队伍中来，并给予一定的身份或待遇。

（四）建立和完善农技推广服务考评和激励机制

首先，科研院所要重视农业科技推广服务工作，把农业科技推广服务放在与科学研究同样的地位加以对待，积极营造重视农技推广服务工作的氛围。其次，科学设计农技推广服务评价指标。农业科技推广服务涉及专家、管理服务部门和地方政府及其主管部门、种养大户、家庭农场、涉农企业等众多利益相关者，对于农业科技推广服务评价指标的设计，要充分听取和采纳多个利益相关方的建议和意见，争取考核评价指标最大程度的科学、合理和公正。最后，要规范评价工作流程，加强评价工作管理。科研院所要建立农业科技推广服务工作评价领导小组，明确农技推广评价工作的管理和服务部门。实际考评操作过程中，由科研院所、政府、服务对象等多方参与共同评价，并增加实地考察环节，更多地倾听服务对象的建议和意见。此外，从科研院所层面，把农业科技推广服务工作纳入工作量认定范畴，推广效果作为职称晋升的重要依据。从地方政府层面，建议将农业科技推广服务人员的推广活动给地方带来的经济社会效益与农技推广服务人员的收入挂钩；建议地方政府建立农业科技推广服务奖励制度，对于在农技推广服务方面做出重大贡献的科研人员，政府予以物质奖励，予以推广资金的持续支持，科研院所将其奖励纳入晋升职称和年终考核的重要指标。

第六章

科技小院的实践路径

多年来，北京市农林科学院始终坚持把农业科技推广工作作为服务社会的重要内容，紧紧围绕京津冀区域农业发展需求，充分发挥自身在科学研究、社会服务上的综合优势，扎实推进农业科技推广工作实施，探索农业科研院所服务区域现代农业发展的新模式。科技小院作为农业科研、示范推广和培养农科应用型人才的重要创新平台，成为北京市农林科学院探索以农业科研院所为依托的农业科技推广模式重要实践，为推动区域现代农业发展发挥了重要作用。

一、科技小院的建立背景

长期以来，我国农业发展面临着以下三大问题：一是支撑我国农业产业发展的有情怀、有实践能力的应用型创新人才不足；二是服务"三农"的人才培养模式存在与生产实践脱节、与社会需求错位的问题；三是直接服务于生产一线促进科技创新、农民增收和农村发展的科技人才不多，科技服务与"三农"的现实需求差距大。

为了更好地解决科研与生产实践脱节、人才培养与社会需求错位、农技人员远离农民和农村等制约科技创新、成果转化、"三农"发展等"卡脖子"问题，2009年，中国农业大学在河北省邯郸市曲周县依托高产高效（"双高"）基地开展技术研究和示范推广的基础上，逐步探索出了全新的农业人才培养、农业科学研究、技术创新与示范推广的科技小院模式。该模式是探索解决"三农"面临困境背景下的一次大胆尝试，通过组织高校教师、研究生深入田间一线，围绕农业产业发展急需解决的技术问题开展研究和攻关，采取驻地研究，零距离、零门槛、零时差和零费用地服务农户及生产组织，突破了农技推广"最后一公里"，不仅在提高农民科技文化素质、推动高产高效现代农业技术传播和促进农民、农业企业增产增收方面发挥了重要作用，同时在"三农"人才的培养上也取得了很大进展。2012年12月，在广西壮族自治区南宁市召开的全国首次科技小院工作交流会，标志着科技小院模式正式在全国示范推广。2015年，全国科技小院网络基本成型，根据不同的农业种植类型全方位的服务于当地农业。

一直以来，北京市农林科学院认真总结中国农业大学的经验，将科技小院作为科研院所服务"三农"和乡村振兴的重要抓手。依托自身资源优势，北京市农林科学院通过创建具有科研院所特点的科技小院，提供全产业链技术服务，做好一个小院、带动一个产业、辐射农村一大片，真正起到示范、引领和带头作用，成为促进农业增效、农民增收致富，推动产业升级、农业绿色发展的重要平台，成为北京市农林科学院开展农业科技推广服务的一张亮丽名片。近年来，北京市委统战部围绕脱贫攻坚工作，统筹全市统一战线资源和力量，创新科技帮扶新模式，将中国农业大学、北京市农林科学院、北京农学院和北京农业职业学院等"一校三院"纳入小院建设平台，组织高校师生和科研人员长期驻村，开展科技帮扶，形成一支"带不走的帮扶工作队"，共同打造为"北京科技小院"精准帮扶的特色品牌。政府的高度支持为北京市农林科学院科技小院科技推广服务模式的发展提供了契机。截至2020年，北京市农林科学院已在全国各地建立16个科技小院（表6-1），对京津冀地区乃至全国农业发展都有辐射带动作用。

表6-1　北京市农林科学院科技小院建设情况

序号	名称	涉及领域
1	北京市门头沟区白虎头村科技小院	枣新品种引进、无公害栽培技术，林下花卉（草）、蔬菜、玉米和食用菌种植技术等
2	北京市房山区襄驸马庄村科技小院	食用菌、特色花卉、景观草、水肥一体化、东西向栽培、温室病虫害智能化防控、土壤定位监测等
3	北京市大兴区六村科技小院	林地土壤有机质提升、林下种植技术支撑服务、林下养殖技术服务、林下生态景观营造等
4	北京市密云区黑山寺村科技小院	生活污水处理、农业废弃物循环再利用、农林复合体的林下经济发展等
5	北京市房山区东村科技小院	林下食用菌品种引进及配套栽培技术等
6	北京市延庆区菜食河村科技小院	茶菊、玫瑰、功能花卉育种与栽培等
7	北京市密云区朱家湾村科技小院	畜禽养殖、环境保护、病虫害防治、废弃物资源化利用、生态草、环境监测检测等
8	北京市顺义区雁户庄村科技小院	林下生态养殖
9	北京市大兴区西鲍辛庄村科技小院	庭院农业、观光休闲农业、林下经济
10	北京市通州区富各庄村科技小院	庭院食用菌复合栽培
11	北京市通州区军屯村科技小院	农林符合体构建及林下经济
12	北京市通州区果村科技小院	设施蔬菜育苗及种植
13	北京市平谷区北店村科技小院	有机农产品生产及质量标准检测
14	北京市怀柔区渤海所村科技小院	板栗新品种及栽培技术、板栗采后加工
15	北京市怀柔区兴隆庄村科技小院	板栗新品种及栽培技术、板栗采后加工
16	北京市房山区北白岱村科技小院	村落生态景观营造、鲜食玉米

二、科技小院的工作运行

（一）工作思路

科技小院体系由科技小院、科技人员、科技农民、科技试验田、科技示范方、宣传设施、服务设施、科技培训设施组成；通过科技人员融入基层生活，围绕生产问题开展"双高"技术的集成创新与示范推广以推动现代农业发展并探索人才培养模式；通过农业科研院所科技人员与基层推广人员的最优组合，促进研究与应用的结合、科研院所与地方的融合。推广服务内容及关系如图6-1所示。

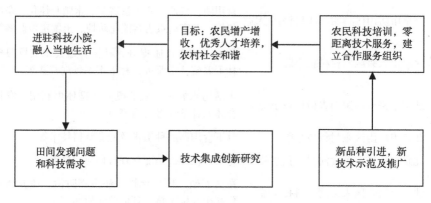

图6-1　北京科技小院工作思路

（二）工作原则

北京科技小院长期扎根田间地头，脚踏实地开展农业科学研究和社会服务工作，在工作中始终坚持"四零"宗旨。"四零"即零距离、零时差、零门槛、零费用。

1.零距离

深入生产一线贴近实际开展生产调查、科学研究和技术集成，研究与生产紧密结合；科技人员下村入户开展"面对面"的农民培训和"手把手"的技术服务，使村民不出村甚至不出户或在家门口就可接受技术培训，在生产现场就可得到及时的技术指导。

2.零时差

科技小院开展农业科研、农民科技培训和农业技术服务的时间和内容与田间生产需求同步，针对田间出现问题，争取第一时间发现、研究并加以解决。

3.零门槛

针对农民科技文化素质整体较低、需求参差不齐的现状，科技小院制定针对不同类型农民的科技培训和技术服务内容及方法，使不同层次、年龄、身份的农民都可无障碍地得到技术培训和服务。

4. 零费用

针对农民经济条件差、生活不宽裕的现状，科技小院为他们提供的各类技术培训、服务和指导均不收取任何费用。在技术培训中和服务中，技术人员自带设备、自备交通工具、自己解决食宿。

（三）功能定位

北京科技小院具有集科技创新、示范推广、人才培养和推动农村发展四大功能。

1. 探索农业科研新路子，创新技术、建立模式

在农村和农业生产一线，针对生产实际问题，与农技员和农民一起开展田间研究，抓住要害、找到规律，集成创新高产高效技术，形成绿色增产模式，再进行大面积生产验证，推动生产发展，产出高水平成果。

2. 创建技术服务新模式，突破"最后一公里"难题

引进、集成、物化、机械化等多渠道创新技术；入村培训、冬季大培训、田间学校、科技长廊等方式培训农民；合作社、联合社等方式组织农民；"零距离、零时差、零门槛、零费用"服务农民，破解"最后一公里"难题，提高技术到位率。

3. 建立人才培养新途径，造就新型农业科技人才

长期扎根生产一线，向农民学习实践经验，针对实际问题选题研究，农技员和责任专家联合指导，在农民地里开展试验示范，直接解决生产问题。研究、服务、组织、协调、沟通和传播等角色融为一身，专业知识、适应能力、实践技能、综合素质同步提高，培养有理想、有能力、能吃苦、肯奉献的新型农业科研、推广人才。

4. 丰富农村文化生活，促进乡村文明建设

组织农村文化活动，丰富群众文化生活；组织各类帮扶活动，形成尊老爱幼村风；争取多种资源支持，改善生产生活环境；提高农民幸福指数，促进乡村和谐发展。

（四）建设目标

通过"六个一"建设，实现农业科技创新、成果推广应用、青年人才培养与农业生产增收、资源利用高效、农民素养提升双赢，促进现代农业科技发展和农业人才队伍建设，转变经济发展方式，最终推动农村文化建设和农业经营体制变革。

——组建一支"多学科、有经验、下得去、留得住"的科技服务专家团队；

——每年为当地解决至少1个生产关键性技术成果；

——每年在当地至少展示示范1项科技新成果；

——每年在当地开展不少于10次技术培训观摩活动；

——每年为当地至少培育1名技术骨干人才；

——每年在当地科技推广服务时间不少于100天。

（五）工作内容

——村域现状调研，摸清发展中存在的问题，提出解决方案；

——新品种、新技术、新装备等引进、示范与应用；

——田间科学试验研究与技术集成创新示范；

——种养管理的咨询、培训与田间观摩指导；

——适宜当地的技术操作规程的建立与传授；

——实现对研究生、青年科技骨的培养，建立长效的新型职业农民培育机制，培养当地技术骨干、种养殖能手；

——融合多方力量，协助拓宽销售渠道，推进村庄农旅融合发展；

——谋划多种形式文化娱乐活动，丰富村民文化生活；

——开展科技长廊、科普展板、媒体报道等宣传工作。

（六）工作模式及其运行机制

北京市农林科学院科技小院是在北京市统战部的统一部署下，集全院优势科技推广力量，针对农村经济合作社、涉农企业、生产组织及广大农民，开展政策宣讲、科技培训、技术服务、决策咨询、现场指导等服务，为打通科技服务"最后一公里"，提高农业科技进步贡献率做出贡献。北京科技小院工作模式见图 6-2。

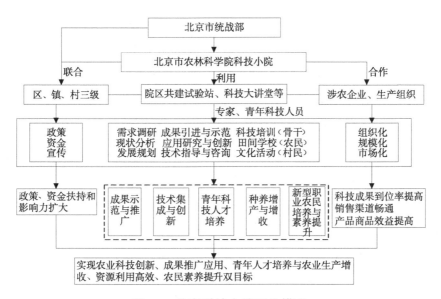

图6-2　北京科技小院工作模式

为充分实现北京科技小院的科学研究、社会服务和人才培养的功能定位，北京市农林科学院建立了比较完善科技小院运行机制，介绍如下。

在工作形式上，北京科技小院是集科学研究、社会服务和人才培养于一体的科技服务平台，是科技帮扶新模式。科技小院由所（中心）责任专家或科研人员长期驻村，与农民同吃、同住、同劳动。根据实际工作需要和研究内容填写小院日志，总结经验、研究思路。北京科技小院建设地点应根据实际工作需要，选择辐射能力强、两委班子团结的村。通过梳理低收入村、民族村等有关政策，整合资源，充分发挥驻村第一书记作用，有针对地解决小院建设中的实际问题。同时，要注重丰富小院帮扶内涵，充分挖掘乡村文化潜力，提升乡村文化价值。

在运行管理机制上，一是由成果转化与推广处牵头，建立科技小院运行管理平台，通过平台对接各区、各低收入村具体需求，对接相关院所（中心）责任专家和各领域技术人员，实现"上下互动、横向互通、技术共享"推广模式。二是针对目前北京农业产业发展现状和趋势，组织各院所（中心）优良林果种植、林下养殖、食用菌、药食兼用花卉、循环生态农业、信息化装备等领域的专家和技术人员，建立科技小院领域专家库，并根据科技小院的产业需求，合理配搭领域专家。三是依托北京科技小院，实现各学科专家交叉指导，为科技小院发展提供源源不断的智力支持；适当安排年轻的科技骨干、相关专业研究生驻村，以老带新，共同发展；根据工作需要，组织邀请相关领域专家现场指导科技小院工作。四是根据科技小院功能定位和主要工作内容，以科技帮扶为重点，以问题为导向，定期开展帮扶村庄两委班子座谈会、村民座谈会，实时了解村庄、村民的具体需求和实际困难，因地制宜地制定小院相关工作规范，明确小院的帮扶职责、工作目标和具体任务。不应拘泥于单一服务模式，应根据自身优势和低收入村实际情况，建立符合实际的科技小院工作机制。五是建设科技小院的人才培养机制，在驻村青年科研人员和研究生培养方面，将科技小院作为实践锻炼的基地，坚持"立地顶天"的人才培养方式，培养他们服务"三农"的本领和情怀。通过科技小院打造一支"带不走的帮扶工作队"，实现人才培养可持续。在农民科技人才培养方面，通过农业生产培训、管理技能培训等方式，为每个村培养一名全科技农民，让科技的"种子"在农村生根发芽，带动农业发展。同时，优秀的科技小院可作为社会主义学院现场教学基地。六是完善监督机制，开展调查研究，将科技小院作为蹲点监督基地，深入调研科技小院建设情况，变"走马观花"为"下马种花"，及时发现和反映问题，提出意见和建议。

北京科技小院农技推广服务模式的特色在于北京科技小院各要素（政府、科研院所、专家、农民、企业）的良性互动打通了供需双向沟通渠道，多元主体的良性互动促进了各项机制的健康运行（图6-3）。农业科研院所依据自身人才、科研优势与地方政府良性互动，可实现科研及社会服务功能，政府也依托现有资源提高当地农技推广效率和农民收入，由此形成北京市农林科学院提供技术支持、与各区合作共建的北京科技小院；科研院所、主管专家、其他领域主管专家、青年科研推广人员、农户或基地工人之间形成科研与推广的无缝隙交叉互动沟通网状。专家通过驻守小院，可及时了解生产动态，指导农民生产，避免科研与社会服务联系不紧密、甚至严重脱节，提高农技成果转化的效率和效果。同时，通过北京科技小院的现场培养，能使青年科研推广人员迅速成长，独当一面，成为未来农业科研推广的生力军。

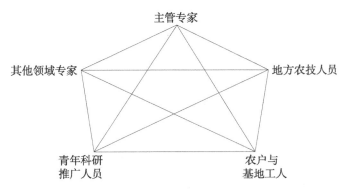

图6-3　北京科技小院无缝隙网状互动关系

三、科技小院的主要做法

北京市农林科学院科技小院围绕如何解决农业科技传播应用的制约因素，积极促进"科技知识"转化为"农民行动"，在政府和企业的支持下，将科研、服务相结合，充分调动科研人员的积极性，集成创新绿色增产增效农业生产技术。针对技术应用中的农业生产主体——农民群体的行为、需求特点，通过培养科技农民、组织合作社、促进农民与科研人员之间的信息交流等多种组织与培训形式，形成科技人员研究的科技知识顺利转化为农民行动的方案，促进科技传播应用，提高技术到位率，解决农业科技推广的"最后一公里"问题，实现了科研与生产、科研人员与农民、科研院所与农村的无缝链接，走出了一条新路子。

（一）科技人员长驻小院

掌握现代农业科技的科研人员与需要农业科技的农民群众之间联系的割裂，是造成现代农业技术推广受阻、技术到位率低下进而影响农民增产增收的关键制约因素。北京科技小院组织科技人员来到农村一线长期驻扎，与群众同吃、同住、同劳动，加深与农民的感情；参与所在村的公益事业、农村社会活动，赢得农民的信任；积极开展多种文化交流活动，加强与农民的联系……通过北京科技小院一系列行之有效的具体行动，科研人员促进了与农民的交流和互动，及时掌握了农民生产急需的问题，进而制定出了行之有效的解决措施，推动了农业技术的传播。

（二）带着农民一起干

为了提高农业科技创新的针对性，北京科技小院科研人员在研究选题中紧扣生产问题和农民诉求。他们将试验田设在农民的田间地头，和农民一起反复讨论种养殖方案，带着农民一起干。在一起干的过程中，农民也和科研人员一起成长、一起进步，对以前朦胧的、感觉神秘的科研活动有了直观、切身的了解，他们更加信任和依靠农业科技。在科研人员和农民的共同努力下，农业科研成果也更加符合生产实际，应用性更强。

（三）示范田建在农民家门口

为了进一步推动科技成果的转化应用，北京科技小院的科研人员围绕农民抗风险能力差、自我保护意识强、接受新技术慢的特点和眼见为实的心理，将农业技术示范田建在农民的田地里。北京科技小院在所在村建立示范田，集中展示农业新技术，让周围农民随时随地看到科学技术的实施过程给种植作物带来的崭新变化。在技术效果显露之后，科研人员通过多种方式组织田间观摩会，带领农民实地参观，进一步增强他们对新技术的认同感，提高新技术的使用率。白虎头村北京科技小院为了给专家们的新技术、新产品提供自由发展的机会，分别为果树、蔬菜、玉米、食用菌、观赏花卉、观赏草、土壤营养和节水灌溉等方面专家提供一块自留地，开展示范应用，增加专家向村民提供指导、提高村民学习种植技术的机会，促进了科技成果的示范推广。

（四）科技培训面对面

要让农民采用新的技术，就必须让他们掌握起新的技术。因此，对广大农民开展科技培训就显得尤为重要。北京科技小院科研人员在认真分析小农户科技文化素质相对较差、接受能力较低的基础上，探索提出了"零距离、零时差、零门槛、零费用"的农民科技培训"四零"原则。他们有的利用早晚和冬闲时间，通过入村入户培训、冬季大培训等渠道，在农民家里、村委会、小学校、农村街巷等地点向农民普及农业技术，提高农民的科技文化素质和对种养销等技术的掌握程度；有的带领农民外出参观，学习外地先进经验；有的则在田间地头、农村街巷进行科技展示，通过图片、文字把农业技术展现在上面，便于农民随时随地学习；还有的编写了多部技术手册和技术资料，分发给农民自学。科技培训的开展，不仅营造了学技术、用技术的良好氛围，而且实实在在地提高了广大小农户的科技素质，调动了他们运用新技术的积极性。例如，截至 2019 年房山区襄驸马庄科技小院组织开展技术培训、指导、观摩，培训基层骨干技术人员及农民 72 人次，丰富了骨干技术人员和农民的专业知识，提高了其技术水平和管理水平。

（五）培养本土专家

为了进一步解决科技培训频率相对较低、培训效果不持久、培训时间短等问题，进一步促使农民真正掌握技术、活学活用技术，北京科技小院重点选拔一批有满腔热情、有一定文化的农民进行系统性培训，把他们变成"本土专家"，打造成"永久牌"农民科技骨干。科研人员因地制宜、因陋就简，依托北京科技小院举办科技大讲堂活动，采取室内教学和田间教学相结合、理论实践相结合、科研与推广相结合、学用相结合、培训内容与农时农事相结合的方法，对这些农民进行农业技术培训，受到当地农民热烈欢迎。白虎头村科技小院 2019 年举办科技大讲堂活动 10 余次，包括提高果树（枣）种植管理技术，食用菌生产及培育，提高玉米品质和增加产量，提高菊花、百合和观赏草的种植成活率，调整开花时间和延长观赏时间等，增加专家和村民的直接互动，做到"一对一""手把手"传授技术，每一个专业领域培养 1~2 名乡土专家或技术能手。

（六）制定年度工作志

北京市农林科学院科技小院根据团队单位的优势和专家的专业方向，制定了年度工作志，由各位专家根据推广示范品种的物候期和生长特性进行品种培育、管理，进行专业技术培训和实地现场指导等工作。青年科研推广人员起草工作日志，将驻扎科技小院期间的所闻、所见、所想和所做，均以工作日志的形式记录下来，并汇总成为年度工作志，及时的总结反思也让北京科技小院的青年推广人员得到更快的成长。北京科技小院专家也能根据每天科技小院工作日志的内容，掌握科技小院工作进展情况、试验示范细节，并可随时做出反馈和调整，保障科技小院工作顺利推进。

四、科技小院取得的成效

（一）推动地方农业经济发展

1. 推动农业转型，帮助农民增产增收

北京科技小院突破了国家农业技术推广体系注重推广单项成熟技术和企业推广单一产品技术的传统做法，建立了全产业链的服务推广新模式，为农业发展提供了整套农民可用的、可靠易行的方案，为区域农业绿色增产增效和农民增收提供了有力的技术支撑。白虎头村科技小院筛选示范了88个适合白虎头村山地种植的枣树良种，通过高枝改接技术对60亩低产劣质枣园进行了提升改造，示范新品种100亩，促进改接枝开花，降低裂果率10%以上，经济效益大大提升。房山区襄驸马庄科技小院通过新品种、新技术应用促进增产增收，单栋温室水肥一体化装备与技术应用下果类蔬菜实现增收1000元/亩，节约水肥管理用工50%以上，榆黄菇、鸡腿菇等食用菌新优品种种植实现增收10%以上。大兴区青云店镇六村科技小院通过全面的技术帮扶工作，保障了六村林下种植、养殖生产的健康发展，甘薯、大葱、平菇、鸡蛋等精品农副产品供不应求，低收入村民在获取劳务报酬的同时，也可获得生产分红，成为摆脱低收入的重要途径之一，2018年低收入农户人均收入由9600元提高到1.3万元，低收入户累

计增收 70 万元；2019 年低收入农户收入较上年提高 45% 以上，实现全面脱低。房山区蒲洼乡东村科技小院助力东村林下食用菌基地逐渐发展为蒲洼乡一二三产业融合的特色农业窗口，2019 年东村林下食用菌基地产值达 80 万元，解决村内就业 35 人，带动 49 户农家乐从事"蘑菇宴"，户均增收达万元以上，年均接待游客 2.5 万人次，年均旅游综合收入达 200 万元以上。朱家湾科技小院帮助解决当地 20 名农民的就业问题，实现了油鸡健康养殖、清洁生产、无废排放、资源循环利用，增加养殖直接经济效益 6% 以上。

2.科技支撑区域产业发展

北京科技小院在围绕所在村农业生产开展技术创新和服务的同时，还积极扶持所在区优势产业发展，推动经营方式改变。一方面，北京科技小院将科研工作紧紧围绕所在地农业主导产业，着力推动主导产业实现优质、高产、高效发展；另一方面，科研人员着力解决制约农业提质增效的技术问题，致力于带动小农户增产增收、脱贫致富。延庆四海功能花卉科技小院围绕功能花卉全产业链，建立了由花卉专家、栽培专家、植保专家、加工专家、文化创意专家、养殖专家和当地全科农技员组成的完整示范推广技术队伍，打造了"四海高山胎菊""郦邑贡菊""平谷西柏店食用菊花文化节""四季花海"等著名产品和景观品牌，打造了国内第一家菊花专类上市公司——南阳市天隆茶业科技有限公司，在脱贫攻坚、乡村振兴和林下经济发展中发挥了积极作用。白虎头村科技小院将白虎头村打造成集乡村旅游、户外运动、民俗体验、生态休闲、康体养生于一体的北京地区乡村振兴典型区域和农旅融合发展样板，逐步形成以枣为依托的农家小院产业格局。朱家湾科技小院提供油用芍药、观赏与食用百合、油用牡丹、火龙果种苗资源（油用牡丹种苗 20 亩、芍药 20 亩等），建设集生产、观赏、娱乐等于一体的综合性农业科技区，培育种养循环优质农业产业发展。

（二）提升了农业科学研究

1.推动科研创新

北京科技小院为科学研究提供了一个非常好的试验示范基地，科研人员在北京科技小院长期驻扎，了解生产中的问题和农户需求，方便科研人员开展各种科学研究，也为产品研发和产品推广提供了便利条件，而青年科研人员在进行科学研究的过程中自身的专业知识、实践能力、综合能力、创新能力等都得到了极大提高，进一步推动了科研创新。延庆四海功能性花卉科技小院为四海镇提供科技支撑，依托其区位优势，大力发展功能花卉产业，研发并推广新产品32个，包含花茶、花卉菜肴和食品、花卉日化护肤品、花卉家纺产品、香品和保健品6大类。

2.推动农业科技成果转化

北京科技小院将农业科技成果转化从"以技术为中心"变革为"以农民为中心"，引导农民自愿采纳新技术、自主创新实用技术，同时北京科技小院还推动地方农业院校、农业科研院所和企业等各种资源的整合，共建研发和推广应用团队，加强应用性研发和产品开发力度，与政府形成合力，并将研发成果直接应用到田间地头，提高了农业科技成果转化效率。延庆四海功能性花卉科技小院引进茶菊品种、食用精油兼用玫瑰品种、油用芍药、食用百合、观赏绿化小菊25个，推广了菊花的"脱毒苗或组培复壮苗（原种苗 F_1 代）—原种苗（F_2 代）—商品苗（F_3 代）"种苗良种良繁技术、花期精确调控，以及茶菊、雪菊和玫瑰的低温高品质烘干等技术9项。大兴区青云店镇六村科技小院开展林下养殖技术服务，引入北京市农林科学院特有的北京油鸡新品种，丰富了养殖品种，累计提供鸡苗达到5000只，充分发挥了油鸡抗病力强，较易饲养的特点；进行林下生态景观营造，引入适宜林下的新型花卉新品种5个。

3.培养"一懂两爱"人才

北京科技小院零距离培养"懂农业、爱农村、爱农民"的新型应用型人才，更符合新时代农业、农村、农民的需求。北京科技小院科研人员尤其是青年科研人员驻扎农村生产一线，边实践，边服务，边研究，他们既是学生，又是培训老师，还是农技人员和挂职干部，基层的锻炼使他们具有了深厚的"三农"情感，过硬的科研、组织领导和创新创业能力，更符合新时代农业、农村、农民的需求，在人才培养方面创出了一条新路子。

五、科技小院的相关思考

北京市农林科学院为主导的科技小院弥补了政府在人才上的非专业化以及知识断层与知识老化，以及企业在推广过程中无法满足农户个性化服务的问题。没有走政府行政推动的老路，而是基于当地村民的需求基础之上的农技推广，有效推动了科技成果转化，而且创新了人才培养机制，做到了农技推广不仅是单一的技术推广，而且还附加了青年科研、推广人才培养的功能。

但是就北京科技小院在从事推广工作而言，仍然还缺乏资金和相应政策法律、人才技术的保障。北京市农林科学院补助的资金是小院运作的主要支柱，这就意味着资金的不足，从而引发一系列的问题，诸如北京科技小院基础设施水平不高、科研人员下乡经费不足，这成为制约科研人员下乡施展抱负的主要因素。北京科技小院在农技推广上体现的优越性相比较企业推广而言在于它的公益性，而不是为了赢取私利，因而这种公益性更应当受到政策上的优惠和法律上的保障，建立多元融资机制，以便持续发展。

第七章

"双百对接"的实践路径

为了推动科技成果转化，探索科研人员科技服务与生产实际紧密结合的长效机制，在深入分析北京市农林科学院的优势学科、成果储备及郊区服务等基础上，自2014年起北京市农林科学院启动实施了"百名专家百个基地对接"工程（以下简称"双百对接"），经过几年的实施，"双百对接"工作取得了阶段性成效，探索了一套以科研单位为主导"一体两翼"多元协同科技服务模式，形成了"一对一""一站式""一条龙"科技服务方式，实现了"扁平化""精准化""双向化"科技成果示范推广，打造了一批典型基地，锻炼培养了一支服务队伍，示范了一批科研成果，提升了一批新型农业生产经营主体发展能力。这一模式创新，是农科院为落实科技服务与科研创新"双轮"驱动事业战略，在科技服务方面的精准"发力"，也实现了对都市型现代农业建设的有力支撑。

一、"双百对接"工作基本情况

（一）统筹谋划，缜密做好顶层设计

首先，以北京市农林工作委员会"菜篮子"新型经营主体科技能力提升工程为契机，北京市农林科学院在对院科技、人才、基地资源进行充分摸

底调查和梳理情况下，于 2014 年提出"双百对接"工程，从全院层面策划和部署了"双百对接"工作，下发了《关于做好 2014 年"双百对接"相关申报工作的通知》（京农林科院推字〔2014〕9 号），制定了《北京市农林科学院推进"双百对接"工程的工作方案》，统一院、所两级认识，规范双百对接工程的工作机制和工作程序，分年度制定"双百对接"工作目标和工作计划，明确提出"在 3~5 年内实现 100 名左右专家、100 个以上基地之间'一帮一''点对点'对接，打造 10~15 个科技推广服务优秀团队，形成北京市农林科学院科技推广服务品牌"的总体发展目标。

其次，在院级层面成立了由主管副院长牵头、成果转化与推广处统一协调、各所（中心）全面参与的工作小组，各所（中心）相应明确了主管领导和责任人，构建起院、所两级传导迅速、步调一致的组织体系和信息反馈机制，将"双百对接"工作列入每年度的院科技惠农行动计划折子工程，将其纳入所（中心）和科技人员科技推广服务工作的年度考核内容，确保了全院"双百对接"工程一盘棋、一条心的工作局面。

再次，在依托"菜篮子"新型经营主体科技能力提升工程资金扶持基础上，每年从院科技惠农资金中拿出近 200 万元经费用于支持"双百对接"工作开展，同时积极整合国家级、市级相关政策资源和社会化资金，多方聚焦，政策集成，形成推动"双百对接"工作的合力。

最后，与区县涉农主管部门进行深度沟通、密切合作，创造"双百对接"工作的良好外部氛围。2014 年"双百对接"工程启动伊始，由主管副院长带队，逐一奔赴 10 个远郊区县农委或农业局，就"双百对接"工程思路和工作机制进行深入沟通，争取各区县涉农主管部门对"双百对接"工程的理解和认可，同时每年还就当年度拟对接的"双百对接"基地，积极征求各区县相关意见，谋求相关政策资源支持。

截至 2020 年，北京市农林科学院累计组织 13 个所（中心）的专家与北京市 9 个郊区的 367 个基地"结成对子"。

（二）遴选经验丰富的专家，实现"一对一"专业化服务

"双百对接"工作采取责任专家负责制，由责任专家牵头组建科技服务

专家团队开展工作。选择热爱农业科技推广服务事业，业务精通，专业能力较强，具备"献身、创新、务实、钻研"的科学精神和优良的职业道德的专家，根据新型农业生产经营主体或基地需求，实现"一对一"专业化服务，提高服务效率和认可度。

专家根据对接基地的需要，可牵头组建科技服务专家团队开展科技服务工作，可以跨学科、老中青结合的形式开展科技服务。团队在责任专家带领下，围绕基地需求，采取"责任专家＋服务团队＋基层技术骨干＋种植养殖基地＋农户"方式，展示示范科技成果。并以基地为核心，辐射带动周边及有关需求的农民提高生产技术水平。同时，还依托基地，充分发挥农业科研院所专家优势，为基层科技服务团队培养技术人才。

（三）搭建现代化科技服务平台，实现"一站式"高效服务

为提升专家对接服务效果，加快科技成果转化，缩短新品种、新技术、新装备与应用基地之间的"最后一公里"距离，搭建了现代化科技服务平台（图7-1）。平台集信息服务、对接服务等功能于一体，实现专家对接、基地遴选、技术展示、服务指导、多渠道沟通等一站式全流程服务。

在平台的支撑下，专家与基地可以高效对接，多渠道沟通方式使基地用户随时随地与专家取得联系，及时、有效的对接生产技术服务与服务需求（图7-2）。加强了基地与专家的沟通，提高了问题解决效率，促进了

图7-1　北京市农林科学院科技服务综合管理平台

三新技术在基地的应用推广，促使生产技术水平快速提升，生产和示范带动能力增强。

图7-2　北京市农林科学院基地分布示意

（四）构建"一条龙"长效服务机制，夯实专家对接效果

通过长效服务机制的构建，可切实提高专家服务责任心和效率，能够快速发现和总结出当前产业发展中存在的技术瓶颈和问题，极大提升科技人员的工作热情与积极性。

1. 建立"六个一"工作标准

为确保工作务求实效，制定了双百对接"六个一"工作标准：①"签订一份协议"，专家与基地之间签订一份《服务协议书》；②"组建一个团队"，由责任专家牵头组建一支科技服务专家团队；③"解决一个问题"，三年对接服务期间，专家为基地解决至少1个生产关键性技术问题；④"展示一项成果"，专家在基地至少展示1项科研成果；⑤"培养一个骨干"，三年对接服务期间，专家为基地培养至少1个生产技术骨干；⑥"效益提高10%"，三年对接服务期满，对接基地经济效益提升10%。

2. 制定"需求调研—年度考核"的管理制度

在"六个一"标准指导下，制定了"需求调研—年度考核"的管理制度。每年年初，组织责任专家奔赴对接基地开展科技需求调研。责任专家在调查过程中摸清对接基地具体存在的科技需求情况，制定当年度"对接"工作目标、示范方案和进度安排；每年年底，开展年度考核工作，同时将"对接"考核工作纳入到科技服务年度工作考核和科技人员年度工作考核指标体系。

3. 建立"对接"工作督导制度

建立对接工作的"院—所（中心）"两级督导制度，组织有关专家采取不定期方式进行督导。另外，还发挥市、区农业及科技主管部门的作用，与院共同监督、管理、规范专家与基地对接的工作。

（五）奖惩分明，营造良好的工作氛围

将"双百对接"工作整体纳入院科技推广服务工作考核激励体系。在每年度评选科技惠农行动计划团队、个人及基地过程中，对参加"双百对接"的工作团队、个人及基地给予倾斜，在申报资格、评审机制等方面制定一定优惠政策。

探索"双百对接"滚动扶持制度。制定"双百对接"考核评价打分指标体系，从基地选择合理性、对接内容实用性、对接方式有效性、对接效果显著性和继续支持可行性等方面入手，对到期的"双百对接"项目进行打分评议。根据打分评议结果情况，择优对对接效果好、实施效果显著的"双百对接"项目进行滚动支持。

二、"双百对接"工作取得的成效

（一）探索了以科研单位为主导"一体两翼"多元协同科技服务模式

紧紧围绕推动科技成果快速转化的工作目标，"双百对接"工作探索建立了"一体两翼"多元协同的科技服务模式（图 7-3），减少管理层次、增大管理幅度、实现信息共享，贯通了科技成果进村入户"最后一公里"。

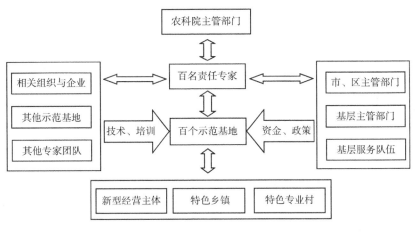

图7-3 "一体两翼"科技服务模式

1."一体两翼"协同科技服务模式

这一模式由科研院所科技服务主管部门主导，统一协调相关优势资源，推动科技专家与示范基地紧密契合成"一体"；通过"一帮一""点对点"的科技成果示范展示，塑造特色鲜明的科技示范点（样板、窗口）；市区相关农口单位、其他服务组织、基层服务资源则从"两翼"辅助和协调，通过技术集成、资源整合以及多元服务主体之间的横向沟通，共同推动新型农业经营主体做大做强；并辐射、带动附近其他经营主体发展，进而推动区域农业产业发展，村镇经济增长。

2."短链化"服务体系推动科技成果快速转化

按照推广学中的创新扩散理论，传统的创新扩散一般都呈现"S"形曲线（图 7-4）。即在传统的技术推广结构中，农户在专家的技术传播下，需要经过一个较为漫长的观望和心理斗争阶段，技术的传播过程受当地技术舆论环境、农户认知水平和技术条件等客观条件的较大阻碍，在技术采纳过程中往往呈现出一个较为平滑的上升曲线，技术的渗透过程也呈现出较为明显的涓流效应特征。"双百对接"工程打破了这种"S"形常规曲线模式。

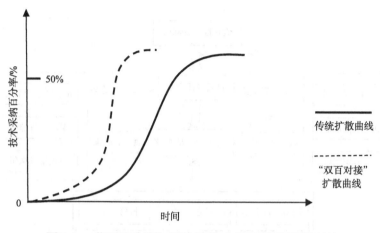

图7-4 "双百对接"与传统推广创新扩散曲线对比

这一服务模式创新了科研院所从事科技推广服务工作新思路，实现了从传统的科技示范推广向科技成果转化的新起点。优点在于：一是服务体系"扁平化"，服务方式"短链化""直推式"，能有效解决当前农业科技服务体系层级多、管理结构复杂环境下，科研成果落地难、科技服务与基层需求对接不及时等问题；二是能实现需求与成果对接"精准化"。科技服务针对性强，成果接地气、能落地，成果转化更直接和见效快；三是"双向式"信息沟通和反馈。对科研院所来说，科技服务专家能围绕基地需求，整合资源，集成技术成果，直接服务于基地，并及时了解基层科技需求并推动科学研究事业发展；对于基地来说，通过专家"传帮带""做着看，带着干"的方式，新型生产经营主体能够很快打消心中的疑虑，能够迅速认可和采纳责任专家推广的新品种、新技术和新成果，迅速度过技术采纳的观望和心理斗争期，而在扩散曲线上呈现出"J"形的快速增长曲线，大大提高了技术推广服务的效率和效果。

3. 科技的"杠杆"作用充分发挥

通过"双百对接"工作，以基地为支点，发挥科技"杠杆"作用，"撬动"社会资本、科研项目、人才团队等更多资源流向首都农业，全面提升对接基地的综合生产能力、生产科技含量、盈利及辐射带动能力。一是"撬动"社会资源，通过本项工作，社会资金和基地经营者都加大了对农业生产的投入力度。二是"撬动"科技资源，责任专家将相关科研项目向"双百对接"基地倾斜，通过落实和承接国家和地方相关科研推广项目经费，为对接基地科技能力的提升夯实基础。三是"撬动"人力资源，除积聚责任专家所在机构科研团队和专家资源外，还吸引了一些大学、科研机构的专家来共同出谋划策，提供技术解决方案和成果展示示范，解决基地发展问题。

这一模式实施效果，由科技成果成熟度、专家服务能力、基地重视程度3个因素共同决定，任何一个方面的不足，都可能影响工作成效。因此，该模式比较适用于农业面积小、产业类型多、基地规模大，现代农业比较发达、市场拉力较强劲的都市农业。

（二）建立了一批院区关系密切、示范带动作用显著的基地

截至2020年，北京市农林科学院通过"双百对接"立项项目对接的基地共有367个，从基地主体类型来看，涉农企业125个、农民专业合作社150个、示范基地40个、专业村33个、专业大户22个。涉农企业和农民专业合作社占基地总数的90%以上，属于"双百对接"工程实施的主导和中坚力量。这些对接基地，犹如北京市农林科学院在广袤京郊大地播下的一颗颗科技"火种"，迅速形成了燎原之势。

涉农企业：北京市农林科学院"双百对接"项目对接的基地主要是农产品生产、加工企业，代表性的有蔬菜中心对接的承德市隆化县耀翔种养殖有限责任公司、涞水县设施蔬菜示范基地，信息中心对接的崇礼县张家口现代生态农业示范基地，草业中心对接的北京嘉禾鑫瑞农业观光有限公司，畜牧兽医所对接的北京黑六牧业科技有限公司，水产所对接的北京贤雅聚悦生态农业园等。

农民专业合作社：农民专业合作社是北京市农林科学院"双百对接"项目的主导部分，比较有代表性的包括植保研究所对接的承德市平泉县利达食用菌专业合作社、王家园七星苹果合作社、通州区北京金阳食用菌菌种专业合作社，畜牧兽医所对接的北京大地群生养殖专业合作社等。

示范基地：代表性的有林果所对接的顺平县绿色桃生产示范基地。

专业村：通过对接，帮助一个村充分发挥本地资源优势、传统优势和

区位优势，使其拥有市场潜力大、区域特色明显、附加值高的主导产品和产业。代表性的有营资所对接的密云县东邵渠镇西葫芦峪村。

专业大户：专业大户是以家庭成员为主要劳动力，从事农业规模化、集约化、商品化生产经营的新型农业经营主体，通过"专家进大户、大户带小户、农户帮农户"。

以对接基地为示范窗口，紧紧围绕农业生产的产前、产中和产后，因地制宜地优选和组装一批符合都市型现代农业发展需求的生产模式、关键技术、品种、标准和装备。例如，针对退耕还林大面积生态幼林种植经济效益低的问题，示范展示了林下畜禽养殖、林下食用菌、林下观赏草种植、林花（百合、菊花）、林药等林下经济发展模式；针对城市居民观光、休闲、旅游的消费需求，示范展示了盆栽果树种植、盆栽蔬菜种植、蔬菜/果品立体栽培技术等一批新业态发展新技术；针对城市居民高端农产品的消费需求，引进、展示和示范了特色水产品、果品和蔬菜，并围绕安全农产品生产，示范推广了红樱桃种植、葡萄种植、蜜蜂养殖、菌渣利用等生产标准和绿色防控技术等；依托信息技术，示范和推广了水肥一体化、定时滴灌、物联网控制、现代企业管理等智能设备和智慧农业生产技术。这些农业新型经营主体成为了首都农业科技成果最"直接"受益者，大大提高了他们的生产能力和科技水平。这些基地成为农科院在郊区留得住、带不走的展示窗口和前沿阵地，对首都农业发展起到引领和示范带动作用。

（三）培养了一支扎根基层、"研""推"兼备的专家队伍

从责任专家年龄及职称分布来看，副高级以上科技人员占 83.6%，中级以下职称科技人员占 16.4%。专家平均年龄 43.2 岁，且 70% 集中在 30~49 岁这个年龄段。这部分中青年科技专家，对基层工作热情高、科研和服务能力强。在实际科技服务工作中，各自发挥特长，踏实工作，践行了严谨求实、甘于奉献的"农科精神"。

"双百对接"开辟的工作渠道和工作方式，极大调动了中青年科技人员积极性。30~49 岁这个年龄段的中青年科技人员是北京市农林科学院"双百对接"工作的中坚力量和科技服务事业发展的中流砥柱，但却又往往都

处于事业发展"瓶颈期"。"双百对接"项目，以极小资金投入，以"一定三年"的扶持形式，帮助中青年科技专家深入基层，在实践中积累推广服务工作经验，取得较为显著的工作成绩；同时，广大中青年专家在开展推广服务过程中，能够快速发现和总结出当前产业发展中存在的技术瓶颈和问题，带回到实验室后又成为指导个人今后开展科研工作的方向和指南，极大提升了中青年科技人员的工作热情与积极性，加速推动他们进入个人职业发展和人生目标实现的"快车道"。可以说，"双百对接"工程的实施，很好地实现了推广服务和科技研发的结合，科学诠释了北京市农林科学院"科技创新"与"科技服务"双轮驱动的要义。

另外，"双百对接"工作也推动了科技服务由传统"个人服务"向"团队化服务"转变。在责任专家带领下，所（中心）际之间合作加强，组成了一批专业能力强、具有北京市农林科学院服务特色的服务团队。例如，畜牧所组建了以高级技术职称专家牵头"大专家＋青年专家""畜牧＋兽医"的畜禽养殖技术服务团队，组建了"北京油鸡研究中心＋兽医＋草业中心＋生物中心"的油鸡技术服务团队，联合推广"林—草—畜"循环农业模式，林下种植牧草菊苣和养殖油鸡，推动顺义张镇、密云高岭镇、房山周口店镇的油鸡产业以及休闲旅游发展；组建了"兽医室＋动物营养研究室＋分析室＋信息中心专家"的肉鸽技术服务团队，围绕肉鸽生产繁育全过程开展技术综合服务，有效促进了基地的产业升级，推动了北京乃至华北地区肉鸽产业发展。同时，由老中青专家组成的技术服务团队，也为北京市农林科学院后备技术服务人才培养、科技服务事业的可持续发展发挥了积极作用。

（四）示范了一批引领都市型现代农业发展的新品种、新技术和新装备

结合首都农业新定位，围绕都市型现代农业发展需求，立足基地生产的产前、产中和产后，优选和组装一批"名特优新科研成果""产业发展关键技术"进行展示示范，并配套集成一批产品、技术或设备。

1. 集中示范了一批新品种

通过"双百对接"工作共示范推广300多种优新品种（系）。其中，

林果类品种 100 多个，包括桃 7 个、杏 7 个、甜樱桃品种和砧木 10 个、葡萄 6 个、草莓 9 个、核桃麻核桃 10 个、板栗 10 个、苹果优新品种和矮化砧木 15 个、梨 7 个、枣 5 个、菊花 5 个、食用菌品种 6 个、沙棘 6 个；为适应产业升级需求，示范了上百种瓜类廊架蔬菜、观赏蔬菜、茄果类、瓜类、叶菜类新品种；示范推广了"京科"系列抗旱高产稳产玉米品种，示范"京冬""京麦"系列小麦新品种；为推动产业增效，帮助基地引进肉用种鸽、北京油鸡、授粉蜂、松浦镜鲤、哲罗鲑、鲑鳟鱼、墨底三色锦鲤种鱼等特色优良品种。

2. 示范了一批高效生产和质量控制技术

种植业方面，示范了高效栽培模式和病虫害防控技术等。适应生物绿色发展，推广了生物防控等一批新技术；适应全产业链发展，推广应用了现代物联网、农产品检测等新技术。实现对接基地平均增产 10% 以上，年增收 4143.2 元／户。

养殖业方面，示范了疫病防控、高效养殖模式示范等。示范推广了农产品品质测定、规模化养殖专用设备、新城疫免疫程序及抗体的测定服务、沙门氏菌防治规程及检测方法等一批新型实用技术；适应林下经济发展，推广了林下养鸡模式等。通过养殖业的科技服务，促进农户年均增收 14279.8 元／户。

林果、花卉种植业方面，示范了省力化高效优质栽培技术示范、设施设备引进。促进农户年均增收 14697.1 元／户。

玉米小麦粮食作物种植业方面，示范了良种繁育技术、种子包衣技术及高产节水节肥栽培技术，实现了农业节水节肥和粮食产量提高，对京郊玉米、小麦品种更新换代起到积极作用，抗旱品种普及率达到 80% 以上，实现农户年均增收 1050.8 元／户。

3. 示范了一批高效节水技术

配合首都农业"调转节"要求，北京市农林科学院通过"双百对接"工作，示范了多项农业节能减排新技术成果，为首都生态环境建设发挥出积极作用。农作物品种引进方面，除保持推广普通农作物品种外，还根据市场需求，加大高产耐旱型作物品种的示范推广力度，并以京津冀一体化发展为契机，积极辐射推广北京节水型作物新品种及其配套技术在津冀应用；蔬菜、林果、花卉等种植业方面，从种植模式上入手，调整种植茬口，恢复土壤肥力，解决连作问题。指导基地安装设施滴灌、微喷设备，实现了节水灌溉，提高了水分利用率，降低了温室内湿度，减少了病虫害的发生。示范产地环境清洁、农业废弃物微生态菌剂处理技术、寄主植物替代及害虫诱杀技术、有机化学农药替代及病害综合防治技术、菌糠育苗技术、产品检验检测和保鲜技术等技术；畜禽养殖业方面，围绕低碳节水养殖业发展，示范高效循环水养殖、粪污处理、环境控制、水体净化等新技术，减少恶臭排放，降低环境污染，改善养殖环境。

4. 示范了一批新装备

面向农业生产者，示范了现代物联网、农产品检验检测等新设备，展示了基于物联网、云计算等计算机信息技术的设施农业云服务系统，安装了北京农科热线 App 系统、农业技术咨询云服务终端机，提供了温室监仪器、水肥一体化设备、授粉蜂养殖箱等先进设备。

（五）提升了一批新型农业经营主体、特色镇村发展能力

1. 提升了龙头企业科技创新能力

在北京市农林科学院科技资源帮助下，提升了龙头企业创新和研发能力，一些基地的科研及生产水平位居本区域、本市或同行前列。例如，大兴的九鼎种猪场种猪繁育、肉猪养殖技术水平在基地所在区名列前茅，疫病防控技术达到北京市市领先水平；顺义区张镇绿多乐农业有限公司，采用了国内首创的林地种草"别墅"生态养殖北京油鸡模式、林下种草低密度饲养北京油鸡技术，基地生产水平达到了北京市领先水平。此外，北京市农林科学院还采取建立"专家工作站"方式，共同建立产业技术研发平台。例如，畜牧所油鸡项目组，整合畜牧、牧草、信息化等专家和技术优势，在密云区高岭镇爱农养鸡合作社成立了北京市农林科学院首个"专家工作站"；装备中心、营资所的科研团队，在太舟坞生态农业种植园有限公司建立"专家工作站"，使园区在农业信息自动化、特色新品种筛选引进、生态循环农业构建等方面取得了实质性的成效。

2. 增强了农民专业合作社的生产和示范带动能力

农民专业合作社是当前都市农业发展的重要主体。合作社在责任专家带动下，全面应用北京市农林科学院先进科技成果，促使生产技术水平快速提升，生产和示范带动能力增强。例如，大兴泰丰肉鸽养殖专业合作社的肉用种鸽生产水平达到了北京市先进水平，对全国肉鸽养殖业起到引领带头作用；顺义绿富农果蔬产销合作社的蔬菜种植水平和病虫害绿色防治技术在北京市达到了较高水平；昌平绿圃观光园，在专家的指导下发展林下养鸡、林下食用菌种植，带动农户每棚增收1万元以上。

3. 推动了特色乡镇产业转型升级

"双百对接"工作与延庆四海镇、顺义张镇、大兴长子营镇等特色乡镇建设工作结合，引进和示范畜禽、蔬菜、食用菌、花卉、林果等农业新品种、新技术，拓展基地产业功能、开发特色产品、延伸产业链条，推动了乡镇特色产业发展和壮大。例如，延庆区四海镇在北京市农林科学院的品种和技术支撑下，通过大面积种植茶菊和色素万寿菊，打造出绚丽的"四季花海"大型景观，打造出以深加工为核心，企业做龙头，政府搭台、科技支撑、农民种植合作社参与，政产学研用五结合，以及一二三产业高度融合的可持续发展模式。据不完全统计，"四季花海"每年直接种植效益1376万元，每年接待游客30多万人次，年旅游收入2250万元；顺义区张镇以北京绿多乐农业有限公司为载体，示范推广林下种草/花和低密度放养的"林草花禽"四位一体北京油鸡生态养殖模式，进一步发展特色蔬菜和果品种植，建立种养结合的生态产业发展模式，养殖水平达到了北京市领先水平，单只油鸡全生产期效益高达500元/只，使北京油鸡发展成为张镇一张亮丽的名片。在"十三五"镇域发展规划中，张镇明确提出了"北京油鸡镇"的发展目标，使当地一个面临腾退的产业逐步发展成为张镇地区的支柱和朝阳产业。

4. 提升低收入专业村产业后劲

北京市农林科学院积极将"双百对接"工作与"一村一品"专业村发

展、低收入村帮扶工作紧密结合，有力推动了密云区的石洞子村、通州区的西黄垡村、房山区的南韩继村、门头沟区的白虎头村、大兴区的小黑垡村、平谷区的魏家湾村、延庆区的四海镇等产业发展，实现了一些专业村产业的"做大做强"和低收入村产业的"从无到有"。例如，蔬菜中心团队帮助密云龙洋村、通州区西黄垡村提高蔬菜整体种植水平，打造了一村一品的"辣椒"生产专业村、"叶菜类"生产专业村；林果团队帮助门头沟低收入村白虎头村示范种植鲜食枣，对成龄乔砧郁闭园进行改造，提高了果园可持续发展能力，山间接引管道，灌矿泉水，抗旱水平提高，并引进河北、山西、山东、河南等地 45 个鲜食枣品种进行示范，通过实现品种多样性提高枣产区抗病虫害能力，每户增收 6000 元。实现了该村产业的"从无到有"，为该村鲜枣采摘休闲旅游等产业发展奠定了基础。

三、"双百对接"工作存在的问题

（一）项目管理制度需要进一步完善

北京市农林科学院的科技服务特色不十分突出，农业科研院所的专业特色和成果转化强项尚未充分体现。对于"双百对接"工作过程管理，院级层面管理监督措施和考核制度尚不完善。引导市、区两级农口单位，基层科技服务资源等其他力量参与"双百对接"的能力也显不足。部分各所（中心）领导，对本项工作重要意义认识程度不够，科技服务深度不够。科研事业绩效考评"唯文章、唯成果"形势，导致一些中青年专家参与"双百对接"的积极性不够。"普惠制"支持方式有助于短期内打开工作局面，但从长远发展来看，资金在总量略显不足，分配方式方法仍有待深入研究。

（二）专家及团队服务能力需要进一步提升

一些责任专家工作繁忙，对"双百对接"重视程度不够，基层服务由其他人员代替，参加检查汇报不积极。一些青年科研人员不了解基层、不具备独当一面进行沟通和服务的能力。一些研究所（中心）在资深推广专家退休后，郊区服务的后备人员严重不足。

（三）基地建设水平需要进一步加强

基地建设水平参差不齐。在对接基地选择上，存在部分对接基地条件不具备、特点不突出的情况。一些对接企业社会责任心不强，部分合作组织也并非真正意义的专业合作组织，对农民辐射带动作用有限。部分基地存在"过度服务"现象。突出表现在企业事业单位类型基地（园区），自身的科研实力强，并不需要帮扶。园区组织管理、经营模式，无法彰显农科院服务特点。基地之间沟通联系不紧密。不同所（中心）之间、专家之间合作仍有待进一步加强，还未真正充分发挥出院级综合性农业院所的大学科优势。

（四）服务与基层需求契合度需要进一步提升

部分专家服务的方式方法与对接基地的实际情况不能完全契合，科技服务的切入点不够准确，不能充分结合地域特色、满足农民科技需求。部分成果与生产实际需求不能有效对接，片面追求"高大上"的示范，缺乏实用性。北京市农林科学院对于市场终端销售密切相关的下游产品开发、产业链服务能力相对欠缺，针对全产业链的技术服务能力欠缺。

四、进一步完善"双百对接"工作的几点建议

"双百对接"工作创新了科技服务模式，取得明显成效，得到了基地、农民和相关部门领导认可，也提升了北京市农林科学院专家服务能力，推动了事业发展。为进一步做好"十三五"科技服务工作，应加强各级领导重视，持续推动并做"细"、做"精"、做"强"、做"活"本项工作，具体建议如下。

（一）做"细"管理

1. 进一步明确定位

一是将"双百对接"科技推广定位进一步"精准化"。明确以科技成果

展示示范为主业,定位于示范"点"建设,以"点"带"面",兼顾区域产业发展,对示范"点"建设定位于既不"雪中送炭",也不"锦上添花",应聚焦于新品种、新产品和新技术的示范推广,加快农业科技在整个地区的推广速度。

二是明确"双百对接"持续性、长期性定位。一方面,"双百对接"工作是践行北京市农林科学院"科技创新"和"科技服务"双轮驱动的重要抓手,是实现北京市农林科学院"三农"价值的具体体现,应该结合北京市农林科学院科技事业发展方向和工作重点,将本项工作长期、持续坚持下去。另一方面,由于农业推广服务工作具有周期长、见效慢等客观规律,青年专家也需要在科技推广服务时间中不断增长见识、提升技能、锤炼意志,应急切需要将"双百对接"作为一项重点工作坚持下去。

2.完善院所两级考核制度

院级考核制度方面,进一步明确院、所(中心)、责任专家在工作推进过程中的责任定位,加强对各所(中心)在专家和基地日常管理中的责任要求。同时,根据科技推广服务事业自身规律,进一步优化和简化考核制度;所级考核制度方面,各所(中心)是本所(中心)"双百对接"工作的管理主体,应根据实际情况,制定所(中心)的监督考核管理办法,并定期对本所(中心)工作进行监督考核。

(二)做"精"基地

1.分类指导推进基地建设

在基地数量上,结合北京市农林科学院人才总量和结构,对接基地数量不宜发展过多,"十三五"期间全院"双百对接"基地总量维持在150个左右较为适宜;在基地布局上,结合北京市农业产业发展分布,重点布局大兴、房山、密云、延庆、顺义、通州等主导产业区(县),兼顾其他区县特色产业发展,不求大而广,但求小而精。在区域内基地选取上,应以区域内优势产业为重点,以服务效果好、服务主体需求紧迫、有辐射带动作用、能惠及农民的基地作为遴选对象;在扶持机制上,探索将"普惠制"扶持模式改为"分级制"扶持模式,对基地扶持分层次、扶持资金有侧重。进一步完善"综合服务试验站—专家工作站—试验示范基地"三级示范推广模式。在"十三五"期间，探索建立 3~5 个综合服务试验站，15~20 个专家工作站。

2. 完善基地遴选标准

从以下几点进一步完善已有对接基地的遴选标准。

一是选择要以一定生产基础的农业大户、专业合作社或企业为基地，在生产技术上要有提升空间。

二是基地的配合意识要高，要有较强科技需求。对于一些科技基础条件好、有其他科技推广单位介入的基地，在遴选过程中必须认真考虑北京市农林科学院在该基地展示的新品种、新技术与当地已应用科技成果存在一定差异性，能够体现出北京市农林科学院科技服务的特色、能够合理利用当地已有资源提高北京市农林科学院科技服务的展示度。

三是基地负责人要对科技重视程度高，尊重专家意见，要有明确的对接协调人并沟通良好。

3. 加强基地之间的横向联系

建立基地之间的横向联系制度，适当组织不同所、中心之间"双百对接"工作观摩或者互学互比活动，探索多个所（中心）联合开展科技对接服务的工作机制，有利于实现强强联合、优势互补，更好更快地促进北京市农林科学院先进科技成果落地转化为现实生产力。

（三）做"强"队伍

1. 完善专家遴选条件

进一步研究和完善责任专家遴选标准，确定专业性强且更适合"双百对接"工作特点的专家遴选条件。

第一，不唯大牌，不唯领导。对于所（中心）领导或者业务工作繁重的科室主任，不建议将其安排为责任专家，对于一些科研工作十分饱满的专家，也不建议将其安排为责任专家。

第二，向 30~40 岁的中青年专家倾斜。这批专家正处于科研能力和项目承担能力提升的关键时期，且时间相对宽裕，体力条件相对较好，精力比较充沛，而且科研工作遇到一定瓶颈，具有一定职称和成果基础，亟须在实践中进一步明确研究方向和发现问题。

第三，对于新入职的科技人员（20~30岁），不建议将其安排作为责任专家。

第四，优先鼓励和引导挂职干部承担"双百对接"项目，探索"双百对接"工程与挂职干部相结合的工作机制和考核机制，对于挂职干部担任"双百对接"责任专家，可适当放宽职称要求。

2.打造职业素养高、能力强的品牌责任专家

一是能"上"能"下"。能"上"就是要求专家要有大局意识、宽广视野，对区域主导产业发展问题和趋势有宏观把握，有能力通过科技手段做强示范"点"，进而引领和带动"面"上产业发展；能"下"就是要求专家能"沉"下去、深入一线，现场指导，真的能与基层"打成一片"，做到在基地呆"3个月"不走。

二是能"文"能"武"。能"文"就是能及时总结科技示范的有效模式并进行示范和推广，并且能将实践中面临的问题反馈到科研，从而使农科院研发的技术成果更"接地气"；能"武"就是要求专家做农业生产的行家里手，不仅有能力解决生产实际问题，而且有能力开展基地人才培养工作，以提高基地自行解决问题的能力。

三是一专多能。"一专多能"就是既要具有专业知识，又要具有适应社会多方面工作的能力。专家要有能力发现基层"真"需求，摒弃"伪"需求，围绕基地有效需求开展工作，将基地打造成引领区域或行业发展样板或排头兵，避免对非真实需求做一些花哨的服务。同时，也要有良好沟通技巧和科技服务能力，通过服务引导基层服务由要钱、要物为主的方式，向要专家、要科技、要服务的方式转变。

（四）做"活"机制

1.探索"双百对接"与低收入帮扶等社会资源的整合机制

积极探索"双百对接"与低收入村帮扶等工作的紧密结合机制，为基地的建设争取更加有力的政策保障。充分发挥"双百对接"的产业扶贫功能，在对接基地选择上向低收入村倾斜，优先支持低收入村的农民专业合作社、涉农企业和专业大户等新型生产经营主体产业发展，辐射带动低收入村增收致富，"十三五"期间力争每年"双百对接"中低收入村占比达60%以上。同时，加强与区县、乡镇之间沟通联系，积极引导低收入帮扶相关政策、资金流向"双百对接"低收入村，形成政策合力，打造工作亮点。

围绕区域特色优势产业，以基地为载体，积极引导创新要素、政策资金向基地聚集，增强基地获取、扩散科技成果的能力。继续整合市、区相关单位资源和社会资金，促进基层科技服务资源密切联系，合力推进"双百对接"工作，对有发展前景的新品种及其产业化发展提供滚动的资金和项目支持，以便形成一二三产业的融合发展。

2. 探索公益性与市场化服务有机结合机制

创新"双百对接"工作机制，找准农业科技服务公益性与市场化的结合点和结合载体，在保证基地建设良性、可持续发展的前提下，最大限度实现科技成果的市场价值。结合《科技成果转化奖励管理办法》《技术咨询、技术开发、技术服务工作奖励办法》的实施，为责任专家开展创新、创业提供政策支持，对于有市场应用前景的技术成果，创造有利条件推动专家在基地中试、示范的基础上进行市场化转化或科技入股，进一步探索科技有偿化服务新机制。

3. 完善科技服务管理"三项"机制

一是完善专家和基地淘汰机制。完善"双百对接"滚动扶持制度，制定考核标准和"标准线淘汰机制"。淘汰一批基地到期、实施效果差的基地或专家，新增一批有潜力、合作基础好的基地和责任专家，提升工作绩效。

二是完善激励机制。适当加大资金扶持力度，设立资金年增长幅度。出台更加有效的、更能激发责任专家积极性的政策措施，在进行"科技惠农"奖励的同时，在"推广系列职称管理办法"中明确基地建设成效，可作为对责任专家晋升职称的优先条件，发挥本项工作对责任专家职业发展的积极作用。

　　三是完善信息沟通和宣传机制。加强基地之间、责任专家之间的沟通交流，搭建责任专家相互交流科技服务经验的沟通平台，形成基地技术需求统一征集、发布制度，促进专家的跨所联合服务；充分利用院报、院科技惠农行动计划简报、院网站以及其他社会平面、网络媒体，大力开展宣传工作，及时报道工作动态和建设成果，营造良好氛围，提高北京市农林科学院科技推广服务的社会影响力。

第八章

新型职业农民科技培训的实践路径

北京市农林科学院科技资源优势明显，特色鲜明，依托科技智力优势，以创新谋发展为工作理念，以探索新形势下新型职业农民培训模式为重点，扎实推进新型职业农民培训工作，组织团队攻关，开展工作创新，在培训资源、培训体系、培训方式以及管理方面均做出了相关探索，形成了新时期新型职业农民科技培训的"北京模式"，为提升职业农民的素质和技能，壮大农村致富带头人队伍，完善农业社会化服务体系，促进农业方式转变、农业结构调整，推进北京现代农业发展进程起到了良好的推动作用。

一、"北京模式"的基本框架

新型职业农民科技培训"北京模式"基本框架可以概括为"一主体，两支撑"。

（一）一主体

"一主体"是指由培训资源、需求对接、组织实施、效果反馈等组成的培训实施主体。

1. 培训资源建设

培训资源由专家资源与培训知识库资源两部分组成，其中专家资源是科技培训的主体，也是科技培训赖以实施的人力基础。目前通过各种方式，北京市农林科学院融合了来自国家级、北京市及区县本土专家资源在内的农业及相关多学科专家在内的专家团队。培训知识库资源由多维关联农业科技知识库组织构架而成，包括用于科技培训学习的农业多媒体课件资源、影视科教片资源、农业专题数据库资源、网站信息资源以及其他资源等，这些资源在底层进行了多维关联整合，能够实现不同终端、不同出口的培训学习应用。

2. 培训需求对接

培训需求是开展培训的内生动力，任何培训都不能脱离需求进行。为了挖掘培训需求，一方面建立了需求调研机制，依托培训调研人员，调研掌握培训需求，另一方面建立培训反馈机制，从以往培训中挖掘新问题，找到新方向，推进新培训。在具体操作上，每年组织专业调查人员，通过网络调查、电话访谈和实地座谈等不同形式，适时开展培训需求专题调研，掌握培训需求动向。同时，在实施培训的过程中，尽力与培训对象建立联系，进行培训效果调查，在调查培训效果的同时，进行新问题、新需求的调查访谈，形成需求调查报告，为来年服务打下基础。

3. 培训组织实施

培训组织实施是培训具体实施操作的部分。一是确定培训内容，于农时农事具有针对性，是关系到当地农业生产经营的重点需求问题，且具有一定的普遍性；培训内容要具体，最好一次解决一至几个重点突出问题；培训内容的时效性，是当前正在需求或即将需求的技术或者问题。二是筛选培训对象，尽量选择具有一定生产代表性的人员作为培训的主要对象群体，包括掌握一定科技知识和生产经验的村级全科农技员、科技示范户、生产大户和基地技术人员等，这些人员具有一定的科技基础，对技术知识接收更快，培训效果更好，且他们在基层属于能人，有一定的示范带动作用。三是细化和制定培训方案，落实方案进行具体实施，在实施过程中，注意培训环节和质量控制，保证培训达到预期目的等。该部分是科技培训的主体，是一个多方参与的过程，由科技培训策划方、组织方、实施方和培训对象共同参与完成,其完成实施的效果,直接决定科技培训的成败。

4. 培训效果反馈

培训效果反馈是培训的最后一个重要环节。通过效果反馈,进行总结分析,对一定时期内的培训工作加以回顾、分析和研究,肯定成绩,得出经验,发现问题和不足,吸取教训,有助于进一步探索培训工作的发展规律,调整和指导下一阶段工作。该项工作是积累培训效果、探索培训规律以及满足培训新需求的关键阶段。在此阶段,针对性地实施培训效果调查和评价,对前期培训工作的成效进行检验,同时注重培训方法、培训模式以及培训工作创新等方面的探索和总结,评价工作成绩和不足。一般情况下,针对培训内容,组织培训考核及评估,用于考察学员学习效果,检验培训成效;另外,通过实施考核中加入培训反馈评价相关内容,为下一步推进培训工作提升和拓展,促进工作更上新台阶,提供新的思路、方法和内容。

(二)两支撑

两支撑是指培训团队建设和规章制度建设。团队包括专家团队、管理与服务团队等;规章制度包括培训制度等。

1. 专家团队

精良的新型农民培训指导教师团队,是培训实施的基础条件之一。为了保障培训效果,北京市农林科学院汇集了一支由北京市农业科技专家为主体、中央在京院所及大学院校为补充的农民培训教师团队,包括中国农业科学院、北京市农林科学院、北京农学院、北京农业职业学院、北京市农业局的专家,"12396北京新农村科技服务热线"(以下简称"12396热线")、各区农科所、农技站的专家以及部分乡镇的乡土专家,共200余人,涉及领域有大田作物栽培、蔬菜栽培、蔬菜育苗、蔬菜病虫害防治;果树栽培、果树植保;畜禽养殖、畜禽疫病防治;植物营养与土壤肥料、农产品加工、农产品营销等,并确保以产业需求为导向,因地制宜地选择师资进行授课,让受训对象真正达到学有所得。

2. 管理与服务团队

管理与服务团队建设是确保农民培训服务体系持续运行的重要人力基

础。管理团队除管理人员外，还应当包含相关培训技术支撑人员；实施服务团队除培训自身服务人员，还应包括基层负责组织服务对象的服务人员等。培训管理团队的有效组织是推动培训实施的首要因素和主要动力，其中，管理策划人员在培训策划和实施中起到了最重要的主导作用，而技术支撑人员也不可或缺。同时，还需要有配套培训服务平台，支持培训对象在线学习。这样，通过线上、线下配合的方式共同推进，培训效果才能事半功倍。培训服务团队主要指组织培训项目的相关人员，除了培训组织方自身的服务团队外，基层负责落实对接培训对象的服务团队也非常关键，他们的充分参与能够使培训对象有效组织起来，及时参与到科技培训中去。

3. 培训制度

规章制度建设为农业科技服务提供了管理保障和质量保障。通过制度建设，使服务有章可循，通过标准和规范建设，使服务质量得到保障和提高。为保障服务质量，积极建立培训管理的各项制度，努力做好培训的档案化管理，每次培训均由相关工作人员详细做好培训记录并填写培训情况登记表，做到一期培训一期总结。设置培训标准和规范，在培训标准化方面进行了探索，建立"六有标准"：培训安排有记录、培训学员有签到、培训专家有签字、培训过程有影像、培训信息有上报、培训结果有反馈。全力推进培训程序标准化，建立培训台账，包括培训信息登记表、学员签到表、考核成绩登记表等，实行动态管理；明确教学环节的规范化操作，根据学员的需求导向，明确每次培训的互动环节及内容，方便有针对性地进行答疑解惑，帮助学员及时消化理解讲解内容，提高培训的效果和质量。制定和执行培训安全管理制度，包括培训登记管理制度、培训设备安全使用规定、培训安全注意事项、安全问题现场处置预案等，从制度上、管理上，堵住安全漏洞，确保培训安全有序。

二、"北京模式"的主要特点

北京市农林科学院新型职业农民科技培训的"北京模式"，其主要特点可概括为"两通四化"，即培训资源融通、组织体系畅通、内容精准化、方式多样化、管理标准化、服务品牌化（图8-1）。

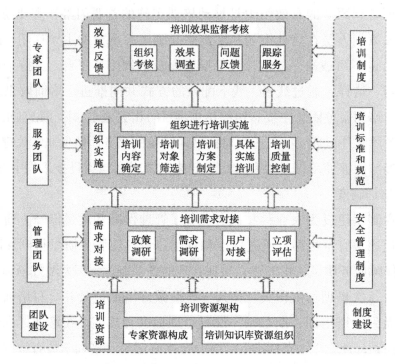

图8-1　农业科技培训"北京模式"

（一）培训资源融通

优质的培训师资资源是开展培训的基础保障，面向农民的科技培训更是如此，有时候一个好的专家老师直接影响培训的效果。培训资源融通，即农业科技培训资源融合利用。通过机制创新、行业联合等方式，打破管理壁垒，促进中央在京单位、科研院所和农业大专院校等不同来源的专家资源能够有效聚集，为科技培训提供资源支持。

由于农业特质性和培训对象特殊性，要求培训专家不仅要有丰富的专业知识，更要能充分融入实践，用农民耳熟能详的话语带给他们知识和技术。以此为导向，加大了培训师资队伍建设，通过区域共建、工作联动、院区合作等形式，聚合了包括中国农业科学院、中国农业大学等中央在京单位、院校，以及北京各市级单位和区县农科所、乡镇农技站专家、部分乡镇的乡土专家共同组成的师资队伍，专业涵盖了农业生产经营的各个方面，满足了不同对象、不同层次、不同要求的培训的需求。

（二）组织体系畅通

强有力的培训组织体系对推进实施农村科技培训至关重要。组织体系畅通，即构建中心直达用户的农业科技培训服务体系，实现了科技培训从培训源头到用户需求的无缝对接。

培训建立了上下联动的培训组织体系。依据不同的培训需求，依托现有的政府科技工作体系，尤其是农业科技推广体系，建立了市、区、乡镇和村共同参与的培训组织体系。市、区、镇三级主要依托政府农业科技职能部门，镇村以下主要依托农民合作组织、园区、基地以及全科农技员、科技示范户等，在重点需求专业基地和村建立重点联系人，形成科技培训实施的组织网络和信息传递体系，使农民科技培训有了组织依托，有效防止了培训内容与需求脱节的问题。

（三）培训内容精准化

培训内容能否精准对接需求是影响农村科技培训效果的关键。在培训需求对接方面，通过实施调研、掌握需求，针对需求精选课程，进行精准对接，确保培训有的放矢。

实践过程中力求做到以下三点。一是培训内容设计精准，根据当地农业产业发展过程的实际需求和生产问题进行组织，使得每期培训都能教有所用、学有所长。二是培训课程安排精准。改变过去"一期培训管一年"的做法，根据农时精准安排培训课程的分布，形成覆盖作物全生育周期的培训模式，实现了活学活用，增强了培训效果。三是培训老师选择精准。不仅根据不同的培训对象人群和培训内容，选择不同的培训方式，而且根据不同的培训方式，精选培训老师。例如，将一些操作性强的培训安排到田间地头，选择在实践经验方面具有特长的老师，进行实操指导培训，手把手传授技术，使得农户在理解基本理论知识的同时，通过生动形象的实操训练有了进一步的直观认识，保证他们学得会、记得牢、用得好。

（四）培训管理标准化

培训管理标准化，针对不同的培训对象和需求，实施培训规范化管理，进行培训程序化和质量控制，最大限度地保证农业科技培训的规范性和质量。

农民培训难度大，主要原因除了农民自身基础差异性大，客观上造成培训尺度难以把握外，最重要的一点就是无法进行标准化控制，培训质量效果难以保证。一套规范有序的培训程序是保证培训工作质量的重要基础。为了提升培训质量，实施了培训多环节标准化控制，从程序上进行规范，使培训程序上有章可循。在培训前，进行需求摸底，尽量将基础相近，需求相近的培训对象进行集中，保证培训的基础一致性和针对性；设计培训程序，在培训执行过程中，按照标准程序执行，确保培训针对需求，目标清晰，内容准确；培训后，严格执行评价和回访，确保了培训质量。

（五）培训形式多样化

多样的培训形式是推进和丰富培训的重要手段。农民培训需求多样，切忌千篇一律，死板无趣，容易使农民失去信心。面对变化多样的培训需求，只有匹配不同的培训形式，才能达到应有的培训效果，吸引更多的培训对象参与，从而提高培训覆盖能力。

培训方式多样化是用户科技需求多样化选择的结果。在培训操作中，针对需求，尽可能采取"线上＋线下""理论＋实操"等多渠道、多途径、多方式进行推进。比如，一些政策内容，一般采取课堂教学＋观看视频的形式，喜闻乐见；对一些生产技术培训，往往采取田间课堂的方式，既有专家指导，又有实践操作，"理论＋实操"联合上阵；对需要推广的成果技术，采取基地观摩，促进彰显实际效果。此外，根据培训对象和目的的不同，还组织了如农业知识技能大赛以及课堂学习加线上辅导等方式，使科技培训精彩纷呈。

（六）培训服务品牌化

培训服务品牌化，是科技培训发展的总体要求。在着力推进培训标准化的基础上，进行培训的流程控制，细化到培训计划、学员接待、导师安排、讲义印制、课堂教学、课后辅导以及结业反馈等每个执行环节，使培训始终处于高质量运作的框架下执行，夯实培训品牌的现实基础。通过培训宣传和质量控制，稳步提升培训效果，使农业科技培训"京科惠农"的服务品牌建设逐步深入。在此基础上，注重培训效果的宣传。通过培训预告、培训用品、培训报道、培训成效等多种形式，形成了培训前面向培训需求群体，培训中面向培训对象群体，培训后面向主管部门和社会公众等进行多种形式的宣传活动，促进品牌效应逐步扩展。目前，北京市农林科学院"京科惠农"科技培训成效和影响力逐步攀升，成为北京市新型职业农民培育主管部门关注的重点之一。

三、"北京模式"的主要内容

（一）体系内培训

农民培训涉及面广，需要培训主体、导师、培训对象等多方参与。由于农民组织化程度低，在具体工作操作过程中，需要面对和解决很多实际困难和问题。因此，通常需要建立完善的农民培训组织体系，把农民组织起来，形成能够统一行动的群体，例如，借助于农民合作组织、农民专业协会，龙头企业等，或者借助于政府尤其是农业科技推广体系市—区—镇三级体系，或者在镇村一级，借助北京市建设的村级全科农技员，构建农民培训长效机制。

1. 应时应季培训

2013年起，北京市农林科学院在10个远郊区县全面推进村级全科农技员队伍建设工作，实现全市村级全科农技员全覆盖，初步成为了村里推广农业科技的技术员、上传下达的信息员。全科农技员这支队伍的建立，为基层农业科技服务体系增添了新的活力。为提升全科农技员的整体素质促进他们发挥作用，满足农民的科技需求，推动农业科技成果转化，切实解决科技入户"最后一公里"问题，北京市农林科学院对全科农技员队伍技术培训模式进行了大力实践探索，在大兴、顺义、密云、通州等地开展了全科农技员专项培训，形成了应时应季应需培训模式，取得了很好成效。

（1）严格筛选

举办全科农技员岗前测试，经过笔试及面试两部分，对农业专业知识、公共基础知识、生产实践能力、责任意识、语言表达能力及联系沟通能力等方面进行测试，最终各镇择优选取合适人员担任全科农技员，为更好地服务各村农业奠定基础。

（2）培训团队

北京市农林科学院整合全院专家团队以及各种信息服务资源。在与委托方进行积极沟通的基础上，对项目进行细致分工，充分调研和对接，精心组织资源，安排课程，推进项目的顺利进行。建立"院区统筹协调、所乡对接落实、责任专家负责"的多方参与、沟通顺畅、反应迅速的"三级联动"工作平台，落实各乡镇的具体对接联系人和对接方式，明确培训需求并迅速反应，组织开展相关培训。总结了培训组织的"四定、四不定"原则：根据农时需求约定培训时间，不固定；根据培训需要商定培训地点，不固定；根据需求热点选定培训内容和老师，不指定；根据内容需要决定培训形式，不限定。

（3）培训对象

培训对象是全科农技员及部分有需求的农户、农业企业、合作社、家庭农场等新型经营主体技术人员。他们来自不同的生产前沿，专业基础差别较大，服务能力也有很大差异。对他们进行培训、培养，不仅是提升全科农技员整体素质的需要，更是促进他们发挥作用、完善基层农业科技创新服务体系的最重要一环，弥补了基层农业科技服务体系网底的不足，通过培训把大量实用技术推广到他们手中，能有效解决农业科技成果转化的"最后一公里"问题。

（4）对接方式

为了保证培训质量，推动培训后的对接服务，建立了专家与农技员的对接机制。一是整体对接。专家与全科农技员通过"12396热线"进行整体对接，全科农技员在任何时候有需求，都可以拨打"12396热线"，连线专家解决问题。二是分乡镇围绕产业进行对接。全科农技员一般都有负责的主要村级产业，如蔬菜、果树等，通过联系制度把农技员与主要的技术专家对接起来。三是个性化对接。对一些具有强烈学习愿望、愿意多做贡献、带动作用明显的农技员，在征得专家同意后，将多个专家的多种联系方式均对接给农技员，使之能够随时随地找到专家，解决各类问题。

（5）培训课程设置

重视产业。在全科农技员需求的基础上，结合当地的产业发展特点，围绕区域化农产品生产基地的产业特色开展系列培训。例如，在大兴庞各庄镇，针对该镇梨、西瓜、蔬菜特色产业体系，开展了梨树冬剪技术培训、西瓜栽培管理技术指导、西瓜育苗及产后蔬菜茬口安排，茄果类蔬菜栽培技术、叶菜类蔬菜栽培技术、安全用药等一系列培训，极大地促进了产业的发展。对接需求。举办数码相机在农业领域的应用相关培训，指导全科农技员利用现代信息手段服务农户；开展水肥一体化农业节水技术指导。授课与实操相结合。在做好课堂技术理论知识讲授的同时，重视田间实操培训，认识直观，达到了即学即用的目的，提高了应用先进技术和解决生产实际问题的能力。发放材料。为提高全科农技员自学能力，在培训后可以复习所学到的知识和技术，在培训过程中为全科农技员发放了技术光盘、U农蔬菜通、《12396 北京新农村服务热线咨询问题选编》、《12396 北京新农村服务热线常见设施蔬菜技术问题选编》等材料及书籍，并教授了他们如何使用，切实保障了全科农技员自学理论支撑。举办知识技能竞赛。举办全科农技员线上、线下知识技能竞赛，为全科农技员学习农业技术知识提供了新方式和新平台，营造了全科农技员比、学、赶、超的学习氛围。

2. 蹲点技术培训

为进一步提升科技培训效果，创新培训形式，探索培训方法，北京市农林科学院针对基层在编农技人员这一特殊群体，探索实施了蹲点技术培训，把基层骨干农技人员请到农业科研院所、实验室和生产一线，近距离与专家接触，进修学习。

2018 年 9 月至 2019 年 1 月，北京市农林科学院实施了门头沟区基层骨干在编农技人员蔬菜全生育期关键技术蹲点培训。项目以门头沟区骨干在编农技人员技术需求为主导，针对蔬菜产业发展需求，将蔬菜全生育期分为12个关键技术环节，以蹲点方式进行技术培训，对门头沟区农业综合服务中心的骨干在编农技人员进行筛选，组织到北京市农林科学院的专业所（中心）、实验室和生产一线进修学习。项目过程中共组织理论培训、观摩、体验和操作活动20次近30项内容，完成培训学时108学时，其中田间观摩和实操环节占50%。培训覆盖了蔬菜全生育期的12个关键环节，经过考核评定，所有参训农技人员成绩全优，达到了使受训骨干在编农技员增长知识、学习技能、提升能力的目的。

（1）筛选人员对象

培训由门头沟区农业综合服务中心委托，学员由农业综合服务中心统一选派，包括具有中高级农业技术专业职称的技术干部，均是长期从事农业科技服务的一线技术骨干。

（2）确定目标内容

针对筛选出来的基层在编农技人员，进行蔬菜全生育期12个关键技术环节的理论和田间实操培训，使他们全面掌握蔬菜生产的技术环节要求和操作技能，确保蔬菜生产关键技术环节全覆盖。通过专家全程"手把手"进行个性化、定制化指导，在编农技人员亲自动手操作，使他们熟练掌握蔬菜生产的生产流程、关键技术和相关操作，在蔬菜生产技术方面的知识水平和技能水平方面得到显著提升。在培训内容上，将蔬菜全生育期按照不同的时期和阶段，分为播前准备、苗床准备、种子处理、育苗、出苗管理、分苗、嫁接、嫁接苗管理、移栽定植、田间管理、病虫害防治、适时采收12个关键环节，进行分部培训和操作实践，使他们在理论知识提升的同时，亲手实践操作，体验和培养蔬菜管理的全面技术能力。此外，培训过程中为了拓展学员们的视野，还组织他们参观了蔬菜中心的蔬菜育种基地，安排了草莓、西瓜等果品类蔬菜栽培技术培训，参加了在通州永盛园基地举办的北京市叶菜创新团队组织的叶菜机械化生产现场会等，拓展了学员们对蔬菜生产的认识，提升了学习成效。

（3）周密策划实施

针对培训目标和内容，项目经过周密策划，多方面配合实施，确保了蹲点培训的顺利进展，培训出实效。一是聘请北京市农林科学院具有丰富理论知识与实践经验的蔬菜栽培、植保、土肥等专家作为指导老师，对农技人员进行蔬菜方面的栽培技术各个环节和技能的梳理和培训。二是精选蹲点基地，确保实践切实有效。结合生产实践需求，筛选确定出符合条件，具有生产代表性的相关的实习、观摩基地 7 个，包括北京市农林科学院蔬菜中心实验室、北京市农林科学院试验示范温室，以及大兴区、昌平区、顺义区的叶菜、果菜基地等，针对关键的 12 个蔬菜生产技术环节进行实验操作和田间实践，保障了各个蔬菜技术环节培训的落实。三是在培训时间安排上，根据实际需要安排相关培训。在项目实施期间，培训分阶段进行，时间以周为单位进行安排，理论培训一般安排为期 1 天，然后进行 1~2 天实践或观摩。四是培训地点安排上，理论培训一般在室内会议室进行，实践地点根据实际操作需求灵活安排。实验类操作，一般安排在蔬菜中心实验室或院温室进行；叶菜相关的实践，一般安排在叶菜基地进行，果菜类相关实践操作，则安排在果菜生产基地操作。

（4）组织培训考核

在考核形式上，考核以"平时表现＋笔试＋答辩"计入成绩的方式进行评定，分为优、良、合格、不合格 4 个等次，考评会如图 8-2 所示。平时表现，由负责该培训的专家依据学员平时参加培训过程的表现情况评分，占

图8-2　蹲点培训考评会

全部成绩的 10%。笔试，由授课专家根据培训的蔬菜栽培技术环节内容集中出题，统一答卷，闭卷考试，占全部考核成绩的 40%。专家答辩，学员以参加蹲点培训的收获为主题，以 PPT 形式进行汇报，含学习情况、主要收获和未来工作设想三部分，专家现场评判，结果占全部考核成绩的 50%。项目对参加培训在编农技员进行认真考评，经过考评，大部分学员获得了结业证书和"种菜新能手"的优秀学员证书。

3. 科技下乡

科技下乡是助力乡村振兴的一个重要环节，将新品种、新技术、新产品、新理念提供给农民，节省人力、物力提高农产品质量和产量，为民服务。一直以来，北京市农林科学院坚持人才下沉、科技下乡、服务"三农"，队伍不断壮大。依托"12396 热线"，北京市农林科学院的专家不断成为党的"三农"政策的宣传队、农业科技的传播者、科技创新创业的领头羊、乡村脱贫致富的带头人，帮助广大农民有了更多获得感、幸福感。

（1）科技展示与宣传

为充分发挥"12396 热线"科技资源和专家资源优势，利用现代信息手段服务农村和城市社区，同时进一步做好"12396 热线"宣传和服务工作，积极参与北京科技"三下乡"、科技大集、参展科技周、成果展、等系列活动，通过进行双向视频、微信、QQ 群等现代技术手段和多种服务功能演示、现场讲解、分发宣传材料等方式，让群众充分了解"12396 热线"的功能和特点，并通过现场拨打热线的方式，让用户充分体现热线带来的便捷服务。通过这些活动，特别是与农民、合作社或者其他同行业进行交流，不仅达到了热线宣传的目的，而且进一步对接了需求，使热线接地气，为进一步发展开拓了空间。

（2）产业提升培训

在培训过程中，针对产业特色，开展系列培训，推动产业升级。针对通州西集镇的农业发展特色，"12396 热线"开展了关于果树、蔬菜、大田种植的相关技术培训。2013 年 12 月 4 日，"12396 热线"赴该镇面向全科农技员开展相关培训，促进农技员带动玉米新品种和新技术在当地的应用推广，全镇 50 余名农技员参加了培训（图 8-3）。

图8-3　玉米栽培技术培训现场

2014 年 1 月 14 日，"12396 热线"蔬菜栽培专家对该镇 60 余名全科农技员和当地农户进行了设施茄果类蔬菜高产栽培技术指导，根据当地实际情况介绍了适应性新品种，重点讲解了育苗方法、栽培管理、病虫害防治等相关技术（图 8-4）。2014 年 3 月 12 日，"12396 热线"深入该镇开展樱桃剪枝技术实地指导，吸引了当地 50 名全科农技员和果农积极参加，专家对樱桃简易整形修剪技术要领的讲解，针对园内具体情况进行了现场操作示范，并指导果农亲自进行剪枝实践，提高该镇果农樱桃技术管理水平（图8-5）。

（3）基地发展指导

科技下乡过程中，针对基地发展，开展特色培训。"12396 热线"会同果树栽培专家到房山窦店开展基地调研指导，根据梨果园布局和部分树势以及根据基地实际情况，就果园发展问题提出了相关建议，广受好评，见（图8-6）。热线蔬菜专家对顺义区龙湾屯镇设施蔬菜栽培技术进行现场指导，重点针对设施建造的不合理性、病虫害较严重、冷热凉蔬菜生态环境不均等问题进行了细致的指导并提出改进意见。

图8-4　设施蔬菜栽培技术培训现场

图8-5　樱桃剪枝技术培训现场

图8-6　果树栽培技术培训现场

（4）田间地头培训

"12396热线"专家分别到昌平、大兴、密云、顺义、通州等地进行了果树管理和病虫害防治方面的技术培训，使农户掌握了果树栽培管理、冬剪技术、病虫害防治等技术的要领（图8-7、图8-8、图8-9）。通过理论授

图8-7　果树病虫害诊断与防治培训现场

图8-8　农业科技服务理论培训现场

图8-9　辣椒疫病防治技术培训现场

课和现场指导，技术与生产实际相结合，在大兴长子营进行了蔬菜病虫害防治技术培训，在昌平区兴寿镇进行了草莓土肥管理与病虫害防治技术培训。在庞各庄镇农业综合服务中心开展畜牧养殖的免疫理论和实际操作技术培训，现场对鸡分步骤进行了免疫操作示范，传授了基本免疫理论（图

8-10)。在大兴区青云店镇进行了猪病毒性传染病防治技术的培训，使农户们了解了猪传染病的防治方法，简单实效。

图8-10　禽类免疫操作示范现场

（二）网络信息培训

北京市农林科学院积极开展农村信息服务研究，探索推进通过网络信息平台进行培训的有效方法，形成了农业信息源头到终端应用的链条式信息服务关键技术体系，研发了系列特色咨询系统、终端及产品，提出了农业科技咨询服务方法理论，构建了集成电话、网站、微信、QQ 及 APP 等 9 种咨询通道的集成高效服务平台，实现了农民随时、随地、以手中已有的任何信息设备即能实时快捷获得农业科技专家指导及信息服务。通过应用示范推广，平台年均访问量达 3000 多万人次，日常浏览量高达 8.8 万余人次，年解决用户重点技术问题 2 万多个，服务覆盖全国 32 个省、市、自治区（其中京津冀地区服务量达 55%）。经百度排名等多途径数据调查分析，较之其他省市农业科技信息咨询服务平台，北京市农林科学院的信息服务平台多项指标位居前列，目前已成为北京乃至全国解决农业科技成果与农业生产需求对接的最佳途径之一，是科技带动农民增收致富的重要力量。

1. 多渠道农业技术服务平台

以全面提升农业信息服务成效为宗旨，以涉农用户信息需求为导向，在底层标准化、多维立体网络化农业信息资源仓库的基础上，利用智能化、精准化农业信息服务技术，研发系列简单实用、便捷高效、轻巧便携、双向互动等各具特色的系统、终端及产品，并进行集成，构建"电话＋电脑＋手机"的农业科技信息多渠道高效服务平台，借助无处不在的互联网、通信网及广播电视网及信息化基础设施，通过大规模应用推广，以提供随时、随地、随人、权威、及时、便捷、互动、个性化及低成本的农业信息服务，有效提高了农业科技服务于农业的质量与效率。平台框架见图8-11。

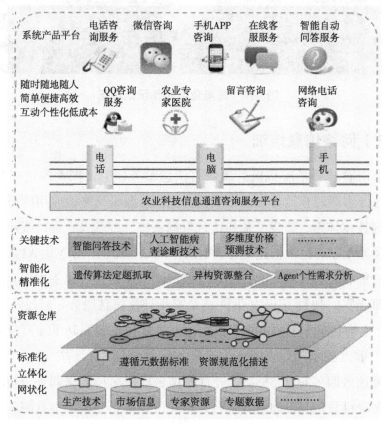

图8-11　多渠道农业技术服务平台框架

（1）北京农业信息网（http：//www.agri.ac.cn/）

创建于 1998 年，以服务"三农"为主线，主要发布国内外农业科技信息、政策动态与市场信息，并开展多种方式的科技信息咨询服务工作。网站包括 200 多个子栏目，其中仅网上咨询子栏目的浏览点击量达 1500 万人次，网站有注册会员 15 万多人，是京郊乃至华北农业科技与信息交流融通的重要平台，多次获得中国农业网站百强奖。

（2）12396 北京新农村科技服务热线（http：//12396.agri.ac.cn/）

"12396 北京新农村科技服务热线"是北京市农林科学院对外咨询服务的重要窗口。服务团队由近百名具有丰富理论知识与实践经验的农业专家组成，服务内容主要包括蔬菜、果树、食用菌、大田作物、畜牧、水产等，服务覆盖全国 30 个省、市、自治区，累计带动农民增收约 3 亿元。鉴于热线在服务方面的突出成绩，2013 年获得第三方测评机构零点公司颁发的民声金铃奖——倾听民意政府奖之"民意畅达奖"。

（3）北京农科咨询热线群（QQ 群号：327032559）

通过互动交流、群空间、相册、共享文件、群视频等方式建立了一个专家与农民高效互动的信息平台。

（4）微信平台

开通了"12396 北京新农村科技服务热线"微信服务，服务号 WXBJ12396，订阅号 BJ12396。向新型农民提供灵活、方便的服务。建立了京科惠农系列之"蔬菜群""果树群""养殖群"，配置相应领域的专家在线实时解答用户的农业技术问题。

（5）微博与博客

通过北京农科热线微博与博客及时发布权威科技信息，受到用户追捧。

（6）网络电话

登录北京农业信息网站，不用电话、手机等设备即可通过网站网络电话功能向专家免费咨询问题。

（7）手机 APP

利用智能手机为用户提供"随时随地可咨询，多种途径问专家"式专业服务。

（8）农业远程双向视频诊断系统

系统基于互联网提供了与农业专家进行视频信息交互式诊断服务功能。

（9）农业科技短信服务

根据用户的需求，发送应时应季的实用技术及科技成果等信息。

2020年，通过"12396热线"、微信、QQ群、双向视频、在线客服、留言咨询、APP、微博、博客等多渠道，重点用户量共计14万人次，较2019年底增长14.9%。其中微信公众平台8861人，头条号7950人，QQ群1780人，微信群907人，北京农业信息网用户12万。多渠道点击量共计7000多万人次，其中2020年850万人次。解决技术疑难问题1418个，同比增长35.8%。

2."京科惠农"网络大讲堂直播培训

2020年，受新冠肺炎疫情突然暴发的影响，为及时解决春耕中的各类技术难题，北京市农林科学院创新举措，整合现有平台和专家资源，发挥平台专家及网络远程服务优势，利用"12396热线"新媒体平台开播"京科惠农"网络大讲堂（图8-12），为保障关键时期京郊农业生产有序、促进稳定市场和农产品安全供应保驾护航。"京科惠农"网络大讲堂自2月下旬开播以来，以每周1~2期的频率，截至2021年8月，已完成49期的直播培

图8-12　"京科惠农"网络大讲堂现场

训，吸引了京郊及周边政府部门、企业园区、种子经销商、农业经营主体相关人员以及农业科技人员、全科农技员、合作组织成员、农业领军人才及广大农户等12万多人次收听收看，用户覆盖了京津冀及辽宁、山东、江苏、安徽、内蒙古等多个省份，共计推介蔬菜、作物、果品、食用菌等新品种70余个，讲解相关高效农业适用新技术100余项，吸引了密云区科委、通州园林局、大兴农业农村局等政府机构自发推广，北京市龙头企业顺鑫农业、北京龙耘种业有限公司、安徽丰大种业等集团公司关注，促进了"产—学—研—用"连接。"京科惠农"大讲堂被多家媒体报道，受到了一致好评，产生了广泛的社会影响，已成为市农业农村局《北京市农民素质提升培训实施办法》指定的培训平台之一。大讲堂远程直播服务和技术答疑，已成为农民离不开的远程培训课堂，为促进京郊和周边农业生产顺利进行，服务北京市乃至华北地区经济社会发展全局，做出了积极贡献。

3. "农科小智"系列信息咨询服务产品

"农科小智"系列机器人是农业信息与经济研究所拥有自主核心知识产权的信息咨询服务机器人产品。可提供农业常见生产对象品种、技术、病害防治等专业技术咨询，支持自动转接农业专家提供人工解答服务。还可提供百科问答、在线天气、交通信息等常见聊天对话服务（图8-13）。

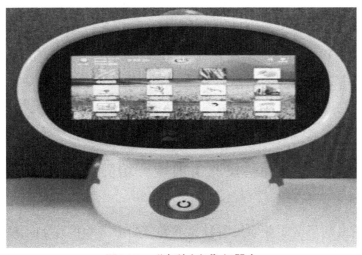

图8-13　"农科小智"机器人

（1）"农科小智"技术咨询服务机器人

该产品以智能对话方式为用户提供农业常见问题自动问答及专家人工指导服务，包括网络机器人及桌面机器人两种。网络机器人利用网络条件下，提供通过手机端或电脑端与用户进行互动；桌面机器人以磁悬浮外观造型，既可提供农业技术解答，又可作为桌面的装饰品。

（2）"农科小智"科普服务机器人

该产品为小型智能机器人，集成大量农业自然科学科普知识，以语音对话为基础，配合科普图片、科普动漫、科普游戏等多种方式进行互动，充分体现科普服务的趣味性。

（3）"农科小智"技术推广与导览机器人

该产品为中大型人形机器人，可针对园区特点进行功能定制开发。可提供园区介绍、活动项目、特色产品的业务咨询服务，针对园区迎宾接待需求，提供个性化问候及迎宾功能；提供参观路线规划、智能导览和讲解服务；针对农业技术推广需求，提供新技术介绍及推介服务等。

四、"北京模式"的主要成效

北京市农林科学院在新型职业农民培训上探索"北京模式"：工作部署"三到位"——组织到位、服务到位、宣传到位，培训质量控制"三环节"——专家选聘、课程设计、形式创新，培训相应服务"三结合"——产业需求结合、信息化服务手段结合、园区基地新技术学习结合，为京郊农民培育、产业发展、生态建设提供了重要支撑，2018年被农业农村部评为"全国新型职业农民培育示范基地"，被农民日报、科技日报等多家媒体报道，成为乡村振兴的重要推动力量。

（一）涌现出大批科技服务典型，培养了一支高素质农业人才队伍

以全面提升新型职业农民科技素质和综合服务水平为导向，面向新时代知识型、技能型、创新型人才队伍建设要求，在院企联合、跨领域、高水

平培训专家团队支持下，通过科学设计培训内容，不断创新应时应季培训、高级研修、田间实操、现场观摩、生长全周期蹲点等培训形式，突出培训实效，近年来开展培训300多场2万余人次，培育骨干新型职业农民7678人，覆盖京郊10个区县，学员科学意识、知识水平、服务水平不断增强，涌现出了大批的科技服务典型，形成了高素质的农业人才队伍，为助推乡村人才振兴发挥了重要的作用。

（二）构建了新型职业农民培育服务体系，激发了农村产业发展活力

以"12396热线"等多渠道咨询服务信息平台及数据库资源为培育跟踪辅导手段，以首都农业科研院所、企业专家团队为核心师资力量，与市区农委、镇农办、村委进行培训组织合作，构建了专业化培训、信息化咨询、多渠道指导的新型职业农民线上线下相结合的培训服务体系，极大促进了学员和培训专家的实时对接，以及学员之间的相互交流，提升了新型农业经营主体适应市场和带动农民增收致富的能力，带动了镇域农业经济发展。据统计，培训学员通过网络在线、QQ群、微信、手机App等渠道开展咨询交流共计3000万余人次，即时解决生产技术问题1.2万多个，形成了众多增收发展典型案例，农村产业发展活力明显增强。

（三）强化了绿色发展的理念，推进了农村生产生活生态"三态"共生

农村是生态产品供给的重要基地，农村的山水林田湖草对整个生态系统具有支撑和改善作用。新型职业农民培训过程中，始终坚持以绿色发展为原则，让绿色发展理念进教室、进课堂、进基地；大力推广绿色生产技术，促进了节水、节肥、节药、高效、先进生产技术在农业产业的推广应用，不断提升农业的生态功能，实现人与自然和谐、环境与经济协调和可持续发展。培训推广集约化生产、高效节水等技术，有效促进生产资源节约和充分利用，同时也大大降低了水费支出。如培训的蔬菜集约化育苗不仅省工时，而且其省水的效果更加可观。以常用的72孔番茄为例，整个育苗

期共浇水 12 次，一次用水量 1200 元左右，单株秧苗耗水量 2000 元左右。而同样一株番茄苗，传统育苗方式耗水量平均在 1200 元以上，相比起来，集约化育苗 1 株即可节水 1000 元。

（四）推广了大批先进实用技术，成为乡村振兴的重要力量

通过培训，在京郊推广蔬菜、果树、大田作物等种植品种 123 个，畜禽、水产良种 36 个，种养殖先进适用技术 432 项，累计覆盖种植业 131.2 万亩，养殖业 209.2 万头只，一大批高产技术和一系列新品种得到应用和普及，覆盖京郊全部行政村。经效益评测机构分析测算，实现经济效益 2.5 亿元促进农业科技成果的落地转化，推动了地方产业的发展。以大兴区为例，通过培训，培养新型职业农民 375 人，通过新型职业农民服务农户 7 万户，推广果蔬适用技术 157 项，推广品种 60 多个，实现节本增收 3550 万元。

五、新型职业农民科技培训存在的主要问题

（一）人才培训资源有待进一步整合

丰富的科技、人才资源，为北京市农林科学院开展人才培训工作提供了优良的环境和条件，但有些培训资源分散在不同所（中心），没有得到很好整合和充分发挥，譬如，不少具有丰富实践经验、掌握先进、实用技术的科研人员，由于繁重的科研任务无法走上培训讲台将其经验和技术传递给培训学员。人才培训资源分散情况还表现在部分所（中心）际之间未进行有效沟通以及资源整合，呈现出各自"扛大旗"的局面，由于培训内容各异，且培训的组织能力和培训效果参差不齐，在一定程度上影响了培训效果。

（二）人才培训效果有待进一步提高

目前，北京市农林科学院组织开展培训活动，培训对象很多为文化层次不高的职业农民或一些新型农业经营主体负责人，培训内容中来自书本的理论知识或者课堂授课部分，无法激发学员足够的兴趣，很难调动他们学习

的积极性。此外，一些培训时间无法太长，尽管根据培训对象采用了差别化的培训方式，如组织学员实地观摩、相对集中开展实地操作等，但部分培训效果仍然无法保证。

（三）人才培训管理有待进一步规范

在组织培训过程中，有时培训需求摸底不彻底，无法真实反映多数学员的意愿，造成学员对培训内容不感兴趣，培训效果不甚理想；一些下派的培训任务，虽然对具体的培训内容、人员数量、地域指标等都做了详细的规划，但在实施过程中，一些基层委托单位为了完成培训任务，对学员遴选把关不严，将一些不符合条件的学员推来培训，甚至出现"培训专业户"的现象；培训时间安排与收获时节发生冲突时，培训过程中时常出现学员逃旷课情况。

六、新型职业农民科技培训的对策建议

（一）充分调研，做到培训对象精准化

在委托培训中，要与委托单位充分沟通，充分开展需求调研。在综合各方意见的基础上，确定培训实施方案，最大限度地满足需求，建立培训学员库，对每年上报的培训学员名单进行自动比对筛选，对重复培训的学员予以更换。

（二）集思广益，改进人才培训方式

除了传统的理论讲授和现场教学培训形式，还应结合培训对象特点及培训要求，组织学员座谈，汇聚众智，共同探讨农业培训的新模式、新方法，鼓励学员创新培训思维；在条件允许的情况下，增加研讨交流培训环节，让学员由被动转变为主动；加强培训后的跟进服务力度，帮他们解决生产经营中的新问题。

（三）整合资源，丰富人才培训内涵

认真梳理现有培训资源，要做到资源效用的最大化；深入了解科研人员

的研究进展和研发成果，将经验丰富、讲解生动精彩、理论联系实际的专家选入专家库，建立激励机制，调动其参加培训授课的积极性；考察已经建立的典型试验站、特色产业基地、专家站和科技小院等，考虑将其纳为长期定点的培训观摩基地、实践指导基地范畴。充分利用现有的网络信息培训平台，拓展培训渠道，提升培训效果。

（四）注重细节，加强培训环节管理

不断构建完善多元化的高水平专家库。既要有农业科研院所、高校的专家教授，也应有政府业务部门、企业的领导专家，还要有生产一线的骨干人员，使专家类型多元融合，充分满足学员对理论知识、政策、实践、案例教学等内容的需要，保证培训质量和效果。融合培训方式，丰富培训手段。将专家授课、领导讲座、典型报告、研讨交流、案例教学、现场教学等相结合，既重视理论知识传授，又紧贴工作实际。

（五）做好评价，提升人才培训效果

积极做好培训效果评价和总体评价。一是要对培训专家的专业水平、培训内容联系实际的紧密度、理论观点新颖度、农业新政策的掌握及解读水平、语言表达生动性等进行评价。二是要对培训服务管理团队的日程安排、课程设置和内容的针对性、培训方式和培训安排的合理性及培训管理和服务水平进行评价。同时，要统计分析评价结果，为完善优质专家库提供重要依据，这对改进培训方法、提高培训质量管理及服务水平具有很好的促进作用。

第九章

对口援助工作的实践路径

北京市农林科学院自 2012 年以来，充分发挥自身的农业科技优势，积极参与北京市的支援合作工作。在市支援合作办的支持与指导及受援地区相关部门的配合下，逐步开展了对口支援、对口协作、对口帮扶地区的科技帮扶工作。从 2015 年开始，针对支援协作帮扶地区的农业科技需求，北京市农林科学院从规划引导、技术服务、产业支撑和智力援助 4 个方面加强了支援、协作、帮扶的工作，有力地支撑和推动了拉萨、和田、南阳等对口援助地区现代农业的发展，探索形成了"规划先行、技术导入、示范引领、智力支援"的农科院特色对口支援模式。

一、对口援助工作的发展历程

北京市农林科学院对口援助工作，按照组织形式大致经历了两个阶段。

2015 年以前，北京市农林科学院的对口援助工作主要集中在专家层面，体现为专家的个人行为和被动落实。一是由专家依托所承担的对口援助项目来开展。对口援助项目主要来源于市农业农村局、市科委等单位，专家依托项目在受援地区开展品种技术引进和示范推广工作。二是专家参与农业农村部、科技部、人保部和市委组织部、人力资源部门等开展的援疆援藏人才等行动，并在受援地区开展技术对接、技术培训和技术服务等活动。专家层面的对口援助主要是点上的工作，比较零散，缺乏主动性，显示度也不高。

2015年之后，北京市农林科学院的对口援助工作上升到全院层面，体现为全院的统筹协调和主动服务，实现了跨越式发展。其中有3个标志性节点。① 2015年8月28日，市支援合作办张力兵主任带队到北京市农林科学院调研座谈时提出，要结合受援地区的科技需求，加大北京市农业领域的对口协作，推动北京市优秀的农业科技成果在外地转化落地，带动当地农户增收致富，并积极探索将北京市农林科学院农业科技成果转化纳入北京市对口援助和经济合作工作的"十三五"规划中。北京市农林科学院积极回应，并明确主管领导和主管部门，全力支撑对口援助工作。② 2016年3月15日，新疆生产建设兵团援疆办主任尤小春一行到北京市农林科学院交流，援和指挥部副指挥、第十四师副师长支现伟在交流会上指出，第十四师二二四团设施农业等发展比较快，而且第十四师在昆玉市刚挂牌成立，可以在二二四团规划出土地2000~3000亩，由北京市农林科学院派技术团队进行规划设计、整体组织实施和技术服务，体现现代农业特色，并采用"政府＋市场"的模式进行运营。③ 2016年5月7日，北京市农林科学院和新疆生产建设兵团第十四师签署农业科技合作协议，举全院之力全面支撑第十四师现代农业发展。在服务形式和内容上，由专家服务到全院总体协调，与受援地区对接，根据需求加强科技支撑，对口帮扶工作上升到院层面统筹，由1名院领导牵头，成果转化与推广处组织实施相关对口援助工作。

在市支援合作办的支持下，北京市农林科学院积极与受援地区主管部门对接，围绕当地产业需求和科技需求开展科技支撑工作，使北京市农林科学院成果成为当地农业转型升级的重要资源，通过当地对口援助项目，促进共赢发展；从政治高度策划部署，把对口援助工作作为北京市农林科学院的重要工作内容。关于服务形式和内容，在市支援合作办的统筹下，积极对接、主动服务，北京市农林科学院对口援助科技支撑工作上升到了一个新的高度。

北京市农林科学院先后与新疆生产建设兵团第十四师、内蒙古通辽、西藏拉萨、河北丰宁、河北康保、河南南阳、河南内乡、河南邓州、河南西峡签署农业科技合作协议，由点到面进行对口科技帮扶。

二、对口援助工作的援助方式

（一）智力援助

北京市农林科学院立足于培养受援地农业科技实用人才、加快当地农业科技进步，把开展智力援助作为支援工作的重点，通过干部选派、实地调研等方式，积极引导优势人才深入一线开展服务。希望在长期的摸索中逐步建立有效的培养模式和长效的培养投入机制，协助受援地培养一支素质高、结构合理的实用人才队伍。

1. 选派干部

北京市农林科学院先后选派了多名专家干部赴受援地区挂职，开展技术指导，促进科技合作。2015年9月，蔬菜中心武占会研究员受聘为和田地区社会经济发展顾问团特聘专家，多次到和田进行蔬菜科学施肥的技术指导；畜牧所曾令超、张小月分别于2011年和2013年作为"技术援藏"的一员深入拉萨各乡县做技术服务工作；2016年7月，信息中心的邢斌副研究员赴拉萨市农牧局挂职，进一步深化信息技术支撑拉萨市农牧业发展，推动农产品安全追溯体系建设，推进当地互联网＋农业发展；2017年年初至今，选派林果专家张锐副研究员到新疆和田任北京援疆指挥部规划发展部副部长、和田地区林业局副局长，在和田开展农业科技服务与指导工作。

2. 政策研究

北京市农林科学院信息与经济所于2016年7—9月，分别前往北京对口支援的青海玉树、西藏拉萨、内蒙古乌兰察布与赤峰、湖北巴东与十堰及河南南阳等5省（区）的7个地区，采取机构访谈、实地考察两种形式对当地农业发展现状、对口支援现状展开调研，完成调研报告《新形势下促进首都农业科技在受援地区辐射带动作用的研究》；同时，对河北蔬菜主产区开展调研，弄清了河北省蔬菜主栽品种、产量及生产分布情况、上市周期、技术水平、生产组织方式等，并分析了河北蔬菜生产规模及进京蔬菜供应量；通过调研北京市农产品批发市场，掌握河北进京蔬菜的销售与需求情况，进而从总体上把握进京蔬菜供需现状，最后完成调研报告《京津冀协同发展背景下京冀农产品市场流通研究》。

（二）科技援助

受援地区多数是偏远的西北部地区或者是经济发展较差的山区农村，目前仍以小农经济为主，农牧业与发达地区相比，还存在着较大差距。北京市农林科学院充分发挥了农牧业科技优势，结合受援地区丰富的物种资源和独特的地理环境特点，通过引进新优品种、示范新型技术、建立示范园区、开发信息技术平台、开展科技咨询和技术培训、展会推介等多种形式，实现受援地区产业科技能力提升、农牧产业链进一步完善的目标。

1. 培训技术人才

2012 年以来，北京市农林科学院在新疆和田、西藏拉萨、南水北调库区、内蒙古、河北等受援地区共组织开展和参与培训百余次，内容涉及设施农业管理、无土栽培技术、禽畜养殖繁育技术、果蔬贮藏保鲜、水肥一体化技术、"互联网+"、农业物联网应用等多个方面，采用应时应季、课堂授课、现场观摩、实操训练等多种形式，培养了一批农业技术人才，为当地农业转型升级提供了人才支撑。

2. 引进优新品种

根据受援地区地理、气候、历史、人文环境，引进了畜禽（油鸡）、果树（核桃、杏等）、蔬菜（茄子、黄瓜、辣椒等设施蔬菜）、花卉（百合、菊花等）、食用菌、小麦、玉米、牧草等多种适合当地种植和繁育的新优品种，完成了品种比较试验，并在当地进行了大规模扩种，增加了经济效益。

3. 延伸产业链条

结合当地特色产业及发展规划，建立了多个现代化的农业示范园区。引入了先进的生产管理技术，提升了生产能力、产品质量及产后贮藏加工能力；搭建了现代化的信息服务平台，畅通了产销信息对接渠道，为产业链条的延伸和完整化提供了保障。

（三）产业援助

近年来，多数受援地区的特色产业已初具规模，但产业体系尚不健全，绿色发展不足，且存在产业化程度低、产业链条短、产品附加值较低、品牌经营理念缺乏、销售渠道单一等问题。北京市农林科学院针对以上存在的问题，提出了规划先行、供给侧结构性改革、一二三产业融合、多元化科技注入、扶植新型经营主体、强化品牌经营理念的产业援助模式，扶持特色优势产业，提升当地产业自我发展能力。

1．规划先行

北京市农林科学院在市支援合作办及市援和指挥部的支持下，通过细致的调研，截止2017年底为受援地区编制了16项农业发展规划。其中为新疆、西藏地区编制农业发展规划6项，包括《北京市援助新疆和田地区三县一市及农十四师农业发展规划（2011—2015)》《国家农业科技园区"先导区"规划设计方案（2017—2022)》《新疆兵团第十四师北京现代农业示范基地规划设计（2016—2021)》《新疆兵团第十四师昆玉市农业产业发展总体规划（2016—2021)》《新疆兵团第十四师一牧场旅游发展总体规划（2016—2021)》《尼木县有机农业发展总体规划（2016—2021)》；为南水北调相关受援地区编制农业发展规划5项，包括《邓州市特色农业产业总体规划（2017—2022)》《邓州市杏山旅游区旅游产业规划（2017—2022)》《邓州市孟楼镇农业产业发展总体规划（2017—2022)》《邓州市张楼乡农业产业发展规划（2017—2022)》《神农架林区休闲农林产业发展总体规划（2017—2022)》；编制京冀、京蒙对口帮扶农业发展规划4项，包括《丰宁国家农业科技园区控制性详细规划（2017—2022)》《赤城县农业产业发展总体规划（2017—2022)》《云蒙山休闲农业产业发展总体规划（2017—2022)》《内蒙古察右前旗冷凉蔬菜产业园区规划（2012—2017)》。

2．专项合作

北京市农林科学院根据受援地特色产业薄弱情况，在政府专项资金的支持下，联合新型经营主体（农业合作社、龙头企业、高新科技示范园区等），制定了专项产业合作计划；开展了邓州小麦基地建设、北京油鸡进藏进蒙、文玩核桃产业示范、"郫邑贡菊"品牌打造及通辽玉米产业推广等工作；在多个受援地区进行了特色产业援助，积极打造和树立优质农业品牌，促进当地特色产业转型升级和产业融合，带领当地农民增产创收。

三、对口援助工作的援助成效

（一）科技培养农牧业技术实用人才

由于人才是受援地区最为缺乏的发展要素，北京市农林科学院把为当地培养科技实用人才作为对口援助工作的重点之一，针对对口支援地区、对口协作地区和对口帮扶地区的不同需求，开展了大规模的技术培训，为受援地区培养了一批科技实用人才，增强了当地农业发展的内生动力。

1. 对口支援地区技术培训

北京市农林科学院自 2012 年以来共组织开展和参与培训 50 余次，培训内容涉及设施农业管理、无土栽培技术、核桃、葡萄、矮化苹果、矮化樱桃、肉鸽养殖、果蔬贮藏保鲜、水肥一体化技术、"互联网 +"、农业物联网应用等，共培训当地技术人员 1000 人次以上，培养技术人员 100 人。很多受训人员成为当地企业（基地）的技术骨干，为当地农业转型升级提供了人才支撑。

2016 年北京市农林科学院积极参与了由北京市委组织部人才工作处组织的"首都专家拉萨行暨拉萨市百名专家下基层服务活动"，并举办了拉萨市农牧业龙头企业和农牧民专业合作社电子商务培训班和"互联网 +"进修班。培训内容包括油鸡养殖技术、食用菌生产技术、生态养殖技术、电子商务和"互联网 +"现代农业理论。提高了当地技术人员的种养技术水平和"互联网 +"思维，提升了电子商务应用能力，为拉萨农业发展起到了良好的助推作用。

2. 对口协作地区技术培训

2017 年，北京市农林科学院黄金宝副研究员参加了由北京市农委组织的

"北京专家赴十堰对口协作活动",他详细介绍了石榴褐腐病和石榴干腐病的发生与防治;在作为南水北调源头的丹江口市,介绍了核桃黑斑病和魔芋软腐病的发生与防治,并对杨树细菌性病害提出了防治建议。通过此次对接交流活动,受援单位与北京市专家建立了友好感情和交流平台,北京市农林科学院也与十堰市和丹江口市建立了更为密切的业务联系。

3. 对口帮扶地区技术培训

2016—2017 年,北京市农林科学院植环所专家参加了"科技列车赤峰行暨 2016 年内蒙古自治区科技活动周"活动,在河北丰宁举办了"食用菌安全生产及栽培新品种新技术"专业培训报告会,围绕食用菌品种选用、安全生产、栽培及深加工技术、品牌建设等方面对菇农进行培训,同时深入生产基地,对生产存在问题提出了相应的技术解决措施,活动受到了当地政府与菇农的热烈欢迎。"科技列车赤峰行"获得全国科技周组委会和科技部政策法规司颁发的纪念证书。河北省的培训活动对落实京津冀食用菌产业联盟倡议书、解决共性关键技术问题、实现产学研用相结合、促进京津冀食用菌产业协同创新和优化升级均起到积极推动作用。

2017 年北京市农林科学院水产所组织召开了京津冀水产健康养殖技术培训班。围绕京津冀罗非鱼产业现状与发展前景、养殖的前瞻性技术与关键技术、京津冀基于水生态保护的水生态环境与综合养殖技术等举办讲座,培训 81 人。

相关案例

和田现代畜牧业技术培训

为促进科技援疆工作的深入、加强和田地区三县一市与北京科技的交流合作、推进和田地区科技事业发展,北京市科委组织北京市农林科学院畜牧所的有关专家,于 2013 年 7 月 15—18 日,在洛浦县北京农业科技示范园区农业服务中心举办了"北京援疆项目——和田现代畜牧业技术培训班"。来自和田地区畜牧技术推广站、和田市及和田县兽医站、洛浦县及墨玉县畜牧兽医局等 50 余名畜牧技术骨干参加了培训。北京专家就羊的遗传繁育进展、和田羊产业现状及发展前景、现代家禽养殖技术、畜禽主要传染病防治技术等分别进行了专题培训。每次专题培训后都安排了交流和答疑时间，专家仔细聆听并解答学员在畜牧业实际生产中遇到的问题，并针对和田地区肉牛、肉羊产业发展、林下养鸡和畜禽主要传染病的防治提出了建议。培训还安排了实地观摩，授课专家和学员们参观了洛浦县10万亩生态农业科技示范园及援疆项目基地，重点观摩了天鹅孵化、养殖等生产环节。北京专家与和田地区科技局、和田地区畜牧兽医局、和田县科技局、洛浦县科技局以及洛浦县北京农业科技示范园区等单位负责人进行了深入的探讨和交流，为北京援疆项目的进一步实施奠定了基础，对促进和田地区畜牧业发展产生了积极的影响。

畜牧所刘华贵研究员在新疆和田洛浦县开展现代家禽饲养技术培训

（二）科技助力地方特色产业提质增效

受援地区拥有独特的地理资源优势、丰富的特色种植资源，发展地方特色农牧产业成为实现当地农民创收的重要途径。目前，各地区特色农牧业产业链的前后端是较为薄弱的环节，如产前的优良品种引进选育、产后的保鲜贮藏及深加工仍存在诸多困境。北京市农林科学院针对以上问题，对援助地区进行了技术引进与技术服务，有力地支撑了当地特色产业的提质增效。

1. 品种引进改良

北京市农林科学院各专业院所立足优势学科和特色专业，对受援地区开展了细致的实地调研，引进了一批优良的动植物新品种。

北京市农林科学院畜牧所对拉萨市当雄县牧草种植区的气候环境、土壤地理状况、试验示范区机械水利条件等事项进行调研后，优选地区适宜草品种 11 个（6 个燕麦草品种、1 个箭筈豌豆品种、2 个无芒雀麦品种、1 个披碱草品种、1 个老芒麦品种）。北京市农林科学院蔬菜中心根据新疆和田地区墨玉县土壤和气候条件，为其引进番茄、辣椒、西瓜、特种蔬菜等 6 大类 75 个蔬菜品种，并进行了引进材料的试种、评价，筛选出适合墨玉县种植的 5 个品种。北京市农林科学院玉米中心在新疆和田地区引进国内外芦笋新品种 15 个，选育出 2 个适合当地种植的芦笋品种京绿芦 1 号和 Grande，并初步摸索出了适宜该地区的芦笋高产栽培技术。北京市农林科学院小麦中心承担了北京市科技援疆项目"墨玉县冬小麦新品种试验研究及良种繁育项目"，先后引种 6 个杂交小麦品种和 6 个常规小麦品种，其中京麦 3668、京麦 7 号、京麦 6 号等杂交小麦在和田试种表现突出，在丰产性、抗逆性等方面显著优于当地品种。北京市农林科学院林果所在和田地区引入京艺 1 号、京艺 2 号、华艺 1 号等文玩麻核桃良种 12 个；把河南内乡、西峡和淅川，湖北竹山和神农架 5 个县区作为项目实施地点，发展文玩核桃产业，推广麻核桃良种 10 个，北京市农林科学院与内蒙古通辽市老科协、通辽市农业科学研究院等开展广泛合作，在通辽市大面积示范推广自主创新选育的京科 968 等京科系列玉米新品种，在生产中表现出了高产优质、抗病抗虫、耐干旱瘠薄、适应性强和抗逆性好等突出优势。

2. 产后保鲜、贮藏及深加工

2012 年北京市农林科学院蔬菜中心参与北京市援助新疆重点农业项目"和田县农产品物流保鲜库建设"，负责建设项目实施全过程的管理，承担项目的可行性研究、工程勘察、设计、监理、施工、调试、竣工验收、决算、项目整体移交等事宜，最终完成了 1500 吨冷藏库、500 吨冷冻库项目建设任务；2017 年北京市农林科学院林果所与湖北省十堰市农业科学研究院合作开展了"中华大樱桃贮藏保鲜技术研究"，联合组建了中华樱桃保鲜技术攻关研发团队，开展了果实发育过程品质变化、果实采后贮藏特性、果实物流保鲜技术等研究，推进十堰市中华大樱桃的产业化、商品化，提高了当地中华大樱桃的附加值。

相关案例

封闭式循环槽培生态栽培系统新技术示范和推广

北京市农林科学院蔬菜中心于2015—2016年在新疆生产建设兵团农一师十四团、农六师、农九师种植基地开展了封闭式循环槽培生态栽培系统新技术的示范和推广工作。示范地区以沙漠、盐碱滩等为主，在3处种植基地累积示范推广超过27000米^2，主要进行了番茄、黄瓜、辣椒等作物的种植和技术的指导。2017年在3处种植基地累积示范推广达到50000米^2，下一步还将进行安心韭菜等新技术的示范和推广工作。

（三）科技保障农业生态环境保护治理

农业生态环境保护治理是北京市农林科学院与受援地区共同面临和亟待解决的问题，北京市农林科学院加强了对对口支援地区，尤其是西北地区、南水北调库区等地的生态保护和监测工作。科技支撑共同推进生态环境保护与治理，在改善水源质量、水土流失治理、生态环境监测、建设生态文明城市等方面发挥了重要作用。

1. 南水北调水源地生态农业关键技术研究与示范

北京市农林科学院对接十堰市农业科学研究院，共同推动丹江口库区十堰生态农业研究院建设，重点开展郧阳区区域生态循环农业示范、丹江口库区典型区域现代生态农业关键技术研究与示范、食用菌多级循环利用技术研究与示范等技术攻关和技术培训，承担了《神农架林区休闲农林产业发展总体规划》编制工作，加快了当地生态农业建设和生态旅游乡村建设步伐。

2. 西藏抗寒优质牧草生产技术示范应用

2017年1—12月，北京市农林科学院草业中心主持完成院农业科技推广服务项目"抗寒优质牧草生产技术示范应用"。该项目作为北京市农林科学院对西藏拉萨当雄县的对口支援项目，开展了抗寒优质牧草生产技术示范应用，为当雄县引进筛选出适宜当地规模种植的抗寒优质草种，提出抗寒优质人工草地建植及管理技术，为增加地区优质饲草供给、改善和修复生态环境提供了技术支撑。

相关案例

农业废弃物循环利用关键技术集成与示范

　　为落实中央京津冀一体化发展的战略决策，加快推进农业现代化、标准化建设，以高端科技农业、循环农业为龙头，探索科研机构与山区扶贫工作的合作，使北京市农林科学院的科技优势与山区土地、种养殖等资源优势相结合，生产优质、高效的农产品。河北滦平县兴春和种植有限公司与北京市农林科学院植物营养与资源研究所，于2016年签署了战略合作协议。项目以兴春和公司种养示范基地为核心，开展环区域农业种养废弃物区域内收集、贮藏、运输、处理与应用等工程技术体系研究与集成示范，建立完善优化废弃物好氧和厌氧处理工程，生产优质有机肥料，培肥土壤，延长循环农业链条，开展试验示范；实现园区种植业、养殖业等高度融合与资源优化配置，为京津冀提供有机生态循环农业示范样板，辐射带动和推进京津冀农业一体化协同创新发展。

　　项目在分析兴春和公司种植业、养殖业、种养关系及土壤气候特点的基础上，遵循"资源增效、循环利用、协调发展、运行高效、产业支撑"的原则，优化农业废弃物资源配置，研发集成种养废弃物处置利用关键技术；运用好氧发酵和厌氧发酵技术手段创新区域废弃物利用模式，探索运行保障机制，延长循环农业链条，实现循环链条的通畅，构建园区集约化条件下种养废弃物协同处置与高效利用工程技术体系；进行总体规划设计、关键循环节点技术提升、整体效益提升评估工作，推动京津冀现代生态循环农业一体化发展。在调研基地生产情况、废弃物产生情况及示范区土壤气候种植养殖特点的基础上，对园区种养业发展进行总体规划设计，关键循环节点技术提升、物流能流平衡计算，好氧发酵和厌氧发酵工程设计完善，制定生产工艺流程，利用沼渣、沼液、堆肥、生物有机肥进行土壤培肥和养分调控，优化循环农业链条，全面提高园区经济、生态和社会效益。针对沼气发酵排放的废弃物黏稠、量大、易堵塞等问题，利用离心式固液分离机实现沼渣、沼液分离，为资源化利用沼渣、沼液提供必要的前提条件。将分离后的沼液进行过滤，过滤后的沼液与水进行自动配比后，通过管道输送到园区的设施菜地，实现沼液的灌溉施肥；同时，沼渣作为有机肥在蔬菜定植前施用。进行了沼渣、沼液抗重茬技术研究与示范；通过研究并实施，设计建立农业有机废弃物好氧发酵工程1处，设计的发酵工程满足年生产固体有机肥15000吨，其中10000吨作为商品有机肥售出，5000吨园区种植业施用。研制沼液滴灌施肥系统，建立沼液灌溉施肥工程1处，实现沼液在蔬菜园区的灌溉施肥，每年处理消纳沼液20000米^3。制定主要蔬菜沼渣沼液资源化利用操作规程1套。在蔬菜园区共计示范推广有机肥、生物有机肥、沼渣、沼液资源化利用面积2000亩；辐射带动京津冀农业废弃物资源化利用面积20000亩。培训农业技术员50人次。

利用农业废弃物生产食用菌利用农业废弃物制作食用菌培养料

（四）科技提升新型经营主体的技术水平

北京市农林科学院通过对农业产业科技园区、农民专业合作社、龙头企业的科技援助和专家精准服务，帮助受援地区壮大新型经营主体，使其成为掌握、示范、推广新技术新产业的重要力量和平台，提高示范园区的科技含量和示范带动能力，提升当地农业合作社和龙头产业的引领带动能力。

1.科技援助农民专业合作社

北京市农林科学院科技援助河北滦平尚亚蔬菜农民专业合作社，对基地韭菜生产中的韭蛆防治技术和无土栽培技术进行了指导和规划，通过新技术的示范提升了园区品种的抗病性和商品性，提高了市场竞争力。科技援助河北涞水县绿舵庄园建设，依托绿舵蔬菜销售专业合作社，根据基地种植的作物类型和栽培模式，有针对性地进行了技术指导，尤其对新型节水栽培技术、温室轻简省力化管理技术等进行了详细的指导和实地操作示范；针对目前土壤栽培韭菜病虫害严重，特别是韭蛆防治困难等导致韭菜农药残留严重的问题，开展水培韭菜技术试验示范，并建立水培韭菜综合栽培技术体系。

2. 科技援助农业科技产业示范园

建立了张北坝上蔬菜试验农场，占地面积 100 亩，露地种植面积 65 亩，日光温室 1 栋，塑料大棚 12 个，冬储菜窖 1 个。在张北坝上示范推广具有自主知识产权的叶根菜类等新品种 30 个，建立蔬菜优良品种综合示范基地 7 个；通过示范带动，在河北省环京县市，示范推广蔬菜新品种 50000 亩。

3. 科技援助当地龙头企业

2016 年 3 月 29 日，北京市农林科学院蔬菜中心与丰宁荣达农业有限公司签订了《蔬菜新品种新技术试验示范合作协议》，双方围绕优质抗病高产蔬菜新品种示范推广、精品蔬菜安全生产与供应、蔬菜轻简省力化生产等方面开展合作。

4. 专家基地"一对一"精准援助

2016 年以来，北京市农林科学院与河北省农林科学院及张家口市、承德市、保定市相关单位合作，使专家与新型经营主体直接对接。目前，已有 13 位专家与 13 个基地实现了"一对一"精准对接。专家与基地签订了 3 年服务协议，由责任专家组织服务团队开展精准服务。北京市农林科学院给予每个基地每年 5 万元经费支持，连续支持 3 年。2018 年在康保和张北建立了 4 个专家工作站，以组团服务的方式服务当地特色产业。专家工作站依托当地企业（基地），由首席专家组织服务团队，与基地签订 3 年服务协议，北京市农林科学院给予每个工作站每年 10 万元经费支持，连续支持 3 年，依托企业（基地）按 1∶1 配套。

相关案例

内蒙古察右前旗冷凉蔬菜产业园区规划

近年来，内蒙古自治区乌兰察布市察右前旗蔬菜产业发展迅速，特别是冷凉蔬菜，在保障市场供应、增加农民收入等方面发挥了重要作用，已成为全旗农业农村经济发展的支柱产业，保供、增收、促就业的地位日益突出。但另一方面，察右前旗的蔬菜产业发展还存在基础设施建设滞后、科技支撑能力不强、市场流通渠道不畅通、产业组织体系不健全等突出问题，影响该产业未来持续健康发展。为进一步深化"京蒙合作"成果，提高察右前旗冷凉蔬菜产业园区示范与辐射作用，提升察右前旗冷凉蔬菜品牌，加快察右前旗蔬菜产业发展，增强产业竞争力，实现察右前旗由蔬菜大县向蔬菜强县发展，北京市农林科学院专家团队充分调研研究制定本规划。

规划区位于内蒙古自治区乌兰察布市察右前旗南村片区、水泉片区和大哈拉片区3个片区，总面积为50千米^2。本规划的总体布局为"一心、两轴、三片区"。"一心"：南村核心示范展示区建设，主要在示范区内进行综合服务性质的与电子信息化的项目建设。"两轴"：规划区内的景观轴和观光轴的建设，从南村片区西侧大门到大哈拉片区东侧的一条横贯西东的景观轴和从水泉片区北部向南纵贯规划区，并一直延伸到黄旗海的休闲观光轴。"三片区"：南村设施蔬菜片区、水泉种苗繁育与茎蓝种植片区、大哈拉冷凉玉米片区的建设。

该规划实施后产生了显著的经济效益。其中，甜玉米、冷凉蔬菜、育苗中心、马铃薯种业纯收入增收1/3；蔬菜深加工、有机肥厂、物流园区、休闲观光项目纯收入较以往增收50%以上。规划区的蔬菜产品均按照绿色、无公害的标准生产，满足人们对安全食品的需求，减少化肥、农药等化学用品使用对环境的污染；规划区通过菜田水利、道路的统一规划改造与综合治理，形成了菜田标准化的新格局，不仅增加绿地覆盖率，美化了田园，优化了环境，还提高了区域内菜田的综合生产能力和抗灾减灾能力。规划的实施，已创造就业岗位800个，近两年每年接待观光、休闲、采摘、养生的城市游客2万人次，实现了城乡交流融合；同时，成立农民专业合作社3个，每年培训农民6000人次，提高了农民的农业科技素质。

（五）信息援助提升农业信息化水平

1. 产销信息监测服务

北京市农林科学院与北京市农业农村局合作开展"蔬菜产销信息监测与

服务"应用相关工作。建设"蔬菜产销信息监测与服务"微信公众号、微网站及蔬菜产销信息监测信息管理系统，面向蔬菜种植户全面推广使用，项目覆盖 50 个乡镇，采集至少 10 万条蔬菜产销数据；开发京张蔬菜产销信息监测系统 App 以及后台管理分析平台，系统将采集录入 100 个生产监测点的蔬菜产销数据，充分掌握张家口市等冷凉地区蔬菜生产、销售和进京情况，了解北京市批发市场蔬菜来自张家口各地的比例，以服务于夏淡季蔬菜市场走势的研判，稳定京张区域蔬菜市场运行；开展了基于数据分析的京张、京承蔬菜全产业链信息服务研究与应用，构建京张、京承蔬菜市场价格模型，对张家口、承德地区蔬菜品种的平均批发价格进行分析，分析蔬菜价格波动的趋势性和周期性与成分、季节性因子和不规则因素的关系，进而预测短时期内各蔬菜品种的价格。通过产销信息的监测，推动京津冀蔬菜自给率提高。

2．安全生产追溯服务

北京市农林科学院与拉萨市签订了拉萨市农产品追溯系统技术开发与示范项目协议。针对"净土"产品的特点，以拉萨市净土产业投资开发有限公司为应用对象，在充分调研公司业务流程的基础上，应用物联网技术开发了面向净土产品的追溯系统，实现产品生产全过程管理与追溯，提高了企业管理效率与产品质量安全水平。

3．综合化集成平台

开展京张农业信息化综合集成服务平台推广应用。在张家口地区推广建设 5 个农业物联网示范园区，50 个双向视频咨询诊断站点以及 50 个远程教育服务站点；依托北京市农林科学院远程教育中心开展远程培训和咨询指导，实时咨询答疑 1200 人次，开展农业专题培训 6 次，培训农民 7.2 万人次；扶助张家口 13 个优质生产基地入驻"智农宝"电商平台，拓宽了农产品销售渠道，提升了销售规模和效益；为张家口农牧局开发了资讯服务类手机应用 APP，该应用集成了"三农"动态、惠农政策、农技推广、供求信息、专家在线等 13 大功能模块，通过该应用，用户可查询农业新闻热点、在线咨询农技问题、掌握农产品市场行情、追踪农产品溯源，帮助用户更好地体验移动农业信息化带来的便利。

4.相关会展活动

举办了"坝上基地蔬菜新品种展示会暨白菜机械化播种展示活动周"（2017年8月1—8日）。基地展示了蔬菜研究中心育成的适于高海拔高原、高山栽培的耐抽薹耐寒叶根菜100余个新品种，包括大白菜20个、娃娃菜11个、甘蓝40个、花椰菜19个、萝卜10个、胡萝卜3个、葱2个等；大白菜机械覆膜播种作业展示，包括集起垄、施肥、铺滴灌带、覆膜、播种、覆土于一体的播种机及田间播种作业。来自全国各地的叶根菜种子代理商、京津冀农业技术推广人员、叶根菜种植大户等100余人参加了展示会。承办"首届京张承品牌农产品对接会"，搭建京冀农业合作、农产品推介平台。2017年6月22日，在北京市农林科学院职工之家举行了"首届京张承品牌农产品对接会"。对接会设北京、张家口、承德三大展区，共计60家优质农产品企业参展，邀请了北京58家采购商进行产销对接；同时，还邀请了植保、农产品保鲜与加工的专家到展会现场进行农业技术咨询服务。此次对接会吸引了包括人民网、中国网、北京日报、腾讯视频、网易、千龙网、凤凰网等20多家主流媒体，并相继报道。

相关案例

拉萨市农牧业电子商务培训

2017年7月10—12日，北京市农林科学院信息与经济研究所举办了为期3天的"拉萨市农牧业龙头企业和农牧民专业合作社电子商务培训班"，共有30名拉萨市农牧企业与合作社负责人参加。北京市农林科学院6名专家面向拉萨市农牧业龙头企业、农牧民专业合作社及其他经营主体负责人，从电子商务产业发展趋势与农村电子商务解析、网店开店流程、新媒体运营实务、农业产业设计及经营管理等方面，培养他们"互联网+"的思维模式，提升了电子商务应用能力，为拉萨农业发展起到了良好的助推作用。

2017年7月，拉萨市农牧业电子商务培训班开班仪式

四、对口援助工作的相关思考

北京市农林科学院的对口援助工作取得了较好的成效，总结成功经验，吸取教训，未来应从以下几个方面进一步加强对口援助工作。

（一）做好规划，加强领导

进一步做好对口援助开发工作规划。根据对口或定点援助需求，结合北京市农林科学院自身人才、成果及资源优势，总体谋划设计援助开发工作目标、任务、举措及考评机制，出台对口援助开发工作相关实施方案作为一段时期内学校开展对口援助工作的指导意见。进一步完善对口援助开发领导机构，明确相关职责，建立联络沟通机制，定期或不定期组织召开专题会议，研究部署对口援助开发有关事宜。

（二）明确任务，统筹安排

开展对口帮扶工作调查研究。相关院领导要定期深入对口援助地区开展援助工作的调查研究工作，结合调查情况，组织进行科学的设计与规划引领对口援助工作。立足产业规划升级，充分发挥北京市农林科学院智力优势，深入对口援助地区开展区域资源产业结构、人力智力、市场环境等战略研究，为援助地区制定农业主导产业发展规划，并根据当地的特色产业发展现状，推广示范新技术、新成果、新模式，做好产业全产业链延伸服务。加强帮扶平台建设。积极推动院地合作，进一步搭建产学研合作平台，明确对接共建管理机制，依托平台建设，使其成为院地科技对口工作互通的桥梁和纽带。深化干部选派。持续选派综合素质高、工作能力强的专家到援助地区驻县驻村帮扶。

（三）谋划举措，建立机制

持续筹集并设立专项经费。统筹多方资源，在对口援助项目示范、帮扶工作调研、专家团队建设、人员培训等方面，长期设立专项经费，多方筹措扶贫资金，有效监管扶贫资金使用。规范帮扶项目实施，完善帮扶项目立项、中期检查、验收等各环节管理机制，对接产业帮扶项目的申报、立项和实施对接加强监管。完善激励机制。修订完善干部管理及职称评定制度，在职务晋升、职称评定等方面，优先考虑具有对口援助挂职和援助项目经历的职工。

第十章

北京市农林科学院农业科技推广服务的未来展望

一、明确科技推广服务工作指导思想和战略目标

（一）明确指导思想

今后，北京市农林科学院科技推广服务工作要与首都经济发展紧密结合，不断健全科技推广服务管理体系、创新科技服务方式、优化科技服务团队、完善科技服务机制、深化产学研用协同创新，加快科技成果转化和产业化，提高北京市农林科学院科技成果对首都经济社会发展的引领功能、支撑功能、服务功能和普及功能，为北京巩固全国科技创新中心的战略定位和率先形成城乡经济社会发展一体化新格局做出新贡献。

（二）确定战略目标

瞄准北京"全国科技创新中心"的定位，围绕北京农业"高精尖、调转结"要求，以科技推广服务为抓手，提升"四种能力"，做好"三个服务"。

1. 提升"四种能力"

重点是通过科技推广服务工作，提升农科院的科研创新能力、科技集成能力、科技成果转化能力和科技示范展示能力4种能力（图10-1）。第

一，科研创新能力。科研是研究院立院之本，生存之源。发挥科技推广服务工作与市场、产业接触最紧密的特点，将农业科技成果推广、应用、检验、反馈与科技攻关工作紧密结合，提高解决农业生产中事关全局的、重大、关键问题的能力。第二，科技集成能力。都市型现代农业融合发展特点决定，其所需要科技成果涉及产业领域多、技术覆盖范围广，农业科技成果的集成和熟化程度高。发挥科技推广服务的平台和机制优势，提升北京市农林科学院科技成果集成和应变能力。第三，科技成果转化能力。发挥科技推广服务的示范基地、人才团队、经验信息等优势，向政府部门、企业和社会提供智力服务，推动农业科技成果转化。第四，科技示范展示能力。发挥科技推广服务在科技培训、示范展示等方面的"溢出效益"，提升产业发展水平及农民科技素养。

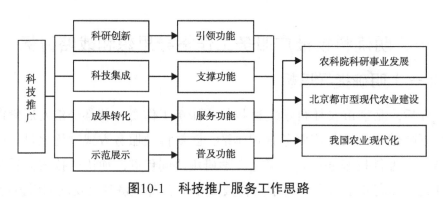

图10-1　科技推广服务工作思路

2. 做好"三个服务"

第一，为北京市农林科学院科研事业发展服务。发挥科技推广服务工作所具有窗口示范作用，持续推动北京市农林科学院科技创新、人才培养和事业发展。在科技推广服务与科技创新"双轮"驱动事业发展要求下，这一点是科技推广服务工作的根本。第二，为北京都市型现代农业建设服务。作为市属农业科研机构，为北京市都市型现代农业发展提供科技支撑。以满足都市型现代农业"高精尖、调结构、转方式"需求，为北京乡村振兴服务，是科技推广服务工作的立足点。第三，为我国农业现代化服务。作为首都的农业科技资源，立足北京，服务京津冀，把成果辐射全国，为全国现代农业发展服务，是科技推广服务工作的宗旨。

二、完善科技推广服务管理体系

（一）强化科技推广服务工作的统筹布局

深入开展产业科技需求、重点研发任务建议和科技服务资源调查，统筹布局院、所学科，战略研究和学科规划，重点支持具有优势和特色学科领域的科技服务项目。遴选对促进行业发展最急需、最关键成果作为折子工程项目，并注重提升成果集成创新水平。做好折子工程总体设计，科学制定技术路线，分配好项目资源，组织起分工协作、联合攻关的科研团队，明确任务分工，细化创新目标，制定年度计划，强化总结和评估，及时改进实施方案，必要时调整创新方向和重点。

（二）加强科技服务项目的实施管理

强化科技服务项目执行管理。完善量化目标与工作任务相结合的岗位管理、考核评价和奖励制度，加强监督和检查，确保全面完成各项目标任务和服务成效。建立健全项目执行情况报告制度。主持人要及时上报项目执行与重大变更情况，院、所科研管理部门积极跟踪科研进展，积极协助解决问题，确保顺利完成研究任务。加强科技服务管理队伍建设。院、所要不断提高科技服务管理人员的责任意识和业务水平，注意积累并传承工作经验，充分发挥监督、指导、把关与服务职能。

（三）着力推动科技服务协同创新

统筹布局院的科技服务工作，扩大开放，深化与有关机构和组织在成果研发、熟化和推广应用中的协作。积极落实国家京津冀协同发展战略，发挥北京市农林科学院首都农业科技服务作用，搭建农业科技协同发展工作体系，牵头组织农业科技服务的大联合、大协作。拓展区域服务市场，主动对接服务"京津冀"协同创新发展战略，通过科技服务参与"一带一路"的建设。创新科技资源合理流动和开放共享机制，促进农科教、产学研跨区域紧密结合，共同打造农业科技示范基地，引导区域农业改造升级。

三、提高科技推广服务质量和水平

（一）提高院科技服务成果奖的水平

院、所要依靠学术委员会和有关专家，挖掘筛选重点成果，制定培育计划，统筹安排国家、省部级、院级和社会的各类科技服务奖项申报工作。根据成果熟化程度，制定培育方案，特别注意挖掘有望冲击国家奖项的成果，加强跟踪、督查和服务，不断提高成果奖励申报水平。

（二）加快推进农业技术成果熟化完善

支持阶段性成果开展后续深入研究和中试示范等，不断完善成果内容，改进技术经济指标，推进技术的规范化和标准化。搭建成果转化平台，帮助成果完成人借助农业主管部门、地区农技推广部门、兄弟科研院所、农业新型经营主体等成果示范推广功能，采取成果转让、科技合作、建立示范基地等方式，开展技术熟化和产业化工作。

（三）完善科技服务业绩评价制度

建立有利于科技成果转化应用的考核评价体系，对于在产业发展中发挥重大作用的品种、专利、技术、产品、标准、咨询（工程）服务等，以推广面积、覆盖率、市场占有率、转化应用情况等指标，作为人员评价的重要内容和依据，引导服务人员注重科研实效，激发科研人员主观能动性和创新活力。试点转化收入归成果完成人及其团队所有的比例，在专业技术职务评审中考虑成果转化推广工作业绩。院、所积极开辟资金渠道，给予获奖成果等额以上的配套奖励，加大其他科技服务相关获奖成果的奖励力度。

四、深入推进农业科技成果转化

（一）深化产学研合作机制

积极探索科研与企业合作的途径，鼓励院、所与企业在项目开发、平台建设、人才培养等方面结成利益共同体，鼓励采取转让、许可、作价入股等方法开展科技成果转化；落实国家科技成果转化政策，探索科技成果转化收益分配机制；发挥首都农业农村信息化服务联盟、农业科技创新服务联盟等产业技术联合体的作用，从申报项目、科技服务和成果转化等方面，加大与联盟成员的互动合作。

（二）推动科技服务模式创新

加大"四大合作"（市院合作、院区合作、院镇合作、院企合作）等科技推广服务模式的总结、宣传和推广力度，扩大科技推广服务模式的规模；继续施行"四极"科技推广服务体系建设，不断完善综合服务试验站、专家工作站、"双百对接"基地、北京科技小院的建设标准和内涵，探索不同级别科技推广服务基地之间的有效衔接机制，扩大基地数量和专家人数，提升科技推广服务水平。鼓励院、所（中心）通过横向多极联合，重点面向农业企业、农业新型生产经营主体、政府基层推广体系等开展科技引领、科技支撑、科技示范和科技普及等工作。在服务上培养典型、扶持典型、树立典型，多点开花，面上辐射，启动创新成果拓展的增长极。

（三）提升基地示范展示水平

继续以基地为中心，进行资源的整合和联合，搭建全院科技成果展示平台和培育亮点。继续以"四极"科技推广服务体系建设为依托，在完善基地资金保障、场地、人员等保障基础上，积极鼓励科研人员长驻试验站、北京科技小院，开展研究、试验、示范和推广服务工作。积极参与各类农业会展服务，借助展览会平台、实地展示，加速农业科技成果的转化应用。

加强各类媒体宣传工作，充分展示科研成果转化和科技服务成效，提高工作的显示度和影响力。

（四）深化科技培训和普及工作

坚持需求驱动原则，以区域优势特色主导产业为着力点，大力开展以新品种、高效节水、生态保护、农产品安全等为主要内容培训工作；除农民外，还要依托农民合作组织、龙头企业、家庭农场等现代农业新型主体、专业化经营服务组织等，开展了个性和共性结合的服务提升技术培训效率；与政府职能部门创新团队建设工作、专业技术人员知识更新工程等紧密结合，对专业技术人员开展中长期培训；探索实验室、科技示范基地、图书馆等资源，向公众普及科技知识。

五、建设科技推广服务优秀团队

（一）培养与引进科技服务领军人才

采取不定期的实用技能培训和中长期综合素质培训相结合的方式，不断提高农技人员的专业技术水平、服务意识和责任意识。调整人才引进制度，不以追求高学历、高职称为目标，合理引进急需的专业技术型人才补充科技服务岗位人才。注重青年科技服务人才的培养，在政策支持下，积极引导青年工作者开展科技服务工作，在实践中培养人才。

（二）加强科技服务的核心团队建设

以北京市农业科学院现有人才资源为依托，合理布局人力、财力、物力，整合各所（中心）资源，在现有科技服务团队建设的基础之上，以院为单位，在制度和政策上给予支持，继续打造几支特色科技服务团队，实现产学研结合。构造坚实的共同愿景，提高团队成员之间的沟通意识，加强团队的内在凝聚力和创新活力。根据科技服务的需求，在新技术新领域引进创新型领军人才，配备适当的资源，建设适应时代发展的高新科技服务团队。

（三）完善科技服务用人育人机制

切实提高农技推广人员待遇水平，落实工作倾斜和绩效工资政策，提升推广人员工作积极性和主动性。根据科研和技术推广人员不同的研究领域、研究层次、研究项目等实际情况确定评估难度。进一步扩大农业推广教授（研究员）制度实施范围，将研究职称评价指标的设置向一线人员倾斜。把农业科技推广成效作为科技奖励的重要内容，建立农业技术推广人员的职业资格认证制度，激励科技人员以多种形式深入农业生产第一线开展技术推广活动。

六、提升科技推广服务保障能力

（一）推动科技条件服务平台建设

推动院科技信息服务网上线，实现双屏互动，并与基地建设结合、与队伍建设结合，以及与"12396热线"、北京农业信息网等线上信息平台结合，进一步补充完善内容，实现管理为主，注重服务，实现科技推广服务工作的可视化、数字化、网络化、移动化。通过项目支持，与带动能力强的专业合作组织、龙头企业合作，建立农产品市场信息系统，提供快捷便利的信息服务与技术支持。以线上线下服务结合，推动"互联网"在农业科技服务中的应用。完善北京市农林科学院重点实验室、工程实验室、工程（技术）研究中心、图书馆、数字平台等科研基础设施，推动农业科技数据与文献资源共享、农业种质资源保存与利用、科研基本公共工程和大型科研仪器向社会开放，在提供高质量研发实验服务同时，提高科技资源利用效率。

（二）增加科技服务项目支持力度

第一，增加科技服务经费总量。加大基点、示范基地、示范园区建设资金支持力度，逐步提升科技服务经费占院科技创新经费的比例。多渠道争取资金，为一些长期开展的服务项目，提供稳定经费支持。

第二，扶持苗头性成果。积极帮助有苗头形成成果的科研工作争取各类科技计划支持，优先推荐申报成果转化推广类项目，并在人才团队、科技平台、实（试）验条件等方面给予倾斜扶持；在院青年科研基金、院创新能力课题等院属课题中，适度增加科技服务课题比例，培养年轻的、能开展科技服务工作的优秀推广人才。

第三，优化经费使用管理制度。在提高科技服务拨付的时效性基础上，适度调整科技服务项目/课题的经费使用科目设置，提高劳务费、协作费、资料费、差旅费等费用比例，以适应实际需求。

参考文献

陈恩东，2019.农业科技推广方式与实施 [J].农家参谋（12）：46.

陈渺生，2020.高校在参与农业科技推广中存在的问题及对策 [J].农业技术与装备（10）：92-93.

陈香玉，陈俊红，黄杰，等，2018.农业科研院所科技推广效果及影响因素探析：以北京市农林科学院"双百对接"项目为例 [J].科技管理研究，38（24）：103-108.

陈香玉，龚晶，陈俊红，2017.科研院所视角下农业科技政策改革的若干思考 [J].科技管理研究，37（16）：130-135.

程笑贤，吴庄铖，2018.我国农业科技推广体系协同度探究 [J].南方农业，12（21）：119-120.

崔丽贤，刘金利，陈蒸，等，2018.对农业科研院所科技服务的几点思考 [J].河北果树（6）：48-49.

董建军，张伟，陈业兵，等，2016.农业科研院所科技推广服务机制创新研究 [J].中国农村科技（8）：72-75.

段洪洋，张金鸽，2019.现代农业发展对省级农科院的科技需求研究 [J].热带农业工程，43（4）：132-135.

付涛，王振，王焱，2020.浅析我国当前农业科技服务推广中存在问题及对策 [J].现代农业研究，26（10）：65-66.

宫丽，2016.辽宁省农业科技推广体系问题研究 [J].农业经济（10）：20-21.

顾卫兵，蒋丽丽，袁春新，等，2017.日本、荷兰农业科技创新体系典型经验对南通市的启示 [J].江苏农业科学，45（18）：307-313.

郭宁，2020.基层农业技术推广可持续发展措施 [J].农业开发与装备（12）：60-61.

韩碧红，2021.基层农业技术推广存在的问题及解决对策 [J].种子科技，39

（1）：103-104.

韩常灿，陈国定，孙国昌，等，2013.农业科研院所科技推广的途径探讨 [J].农业科技管理，32（5）：78-80.

韩军，2015.典型国家和地区农业科技推广人才培养的比较与借鉴 [J].世界农业（5）：167-171.

韩瑞娟，陈少愚，王晴芳，等，2020.农业科研院所成果转化现状及转化路径分析：以湖北省农业科学院粮食作物研究所为例 [J].农业科技管理，39（6）：71-74，91.

韩智慧，2017.新形势下我国农业科技创新体系构建的困境与路径 [J].农业经济（10）：9-11.

黄明富，2019.多元化农技推广服务体系构建研究 [J].南方农机，50（18）：73.

蒋守华，周刚，周红军，等，2021.农业科技成果推广的多链联动模式探究 [J].山西农经（1）：27-28.

李冰，2021.浅析基层农业技术推广存在的问题及对策 [J].种子科技，39（1）：113-114.

李东平，龚传胜，胡晓钟，等，2019.新形势下加强农业科研院所科技成果转化的实践与思考：以安徽省农业科学院为例 [J].农业科技管理，38（2）：64-66.

李梦莹，2019.乡村振兴战略背景下基层农业技术推广人才培养问题研究 [D].福州：福建农林大学.

李庆魁，许乃霞，张仁贵，2019.新时代农业高职院校农技推广模式探索与实践 [J].现代交际（23）：31-33.

刘会青，2020.农业技术推广工作的作用及发展策略 [J].世界热带农业信息（10）：39-40.

刘宇峰，张明辉，杨军，等，2020.省级农业科研院所科技助力乡村振兴的实践与启示：以福建省农业科学院为例 [J].农业科技管理，39（6）：13-17.

陆秀兰，胡承庚，2021.基层农业技术推广存在的问题及对策 [J].农业开发与装备（1）：122-123.

罗红岩，2021.多元化农业推广理论与实践的研究 [J].中国农业文摘：农业工程，33（1）：57-59.

孟莉娟，2016.美国、法国、日本农业科技推广模式及其经验借鉴 [J].世界农业（2）：138-141，161.

苗红萍，丁建国，2018.新型农业经营主体农业科技推广供需匹配分析 [J].新疆农业科学，55（4）：774-784.

钮琪，刘强，冯立辉，2019.新形势下农技推广工作的挑战、存在问题及对策 [J].现代农村科技（4）：1-2.

彭凌凤，2017.农业科技推广模式的创新探索：新农村发展研究院服务农业科技推广的模式比较 [J].农村经济（2）：104-109.

钱福良，2017.中国现代农业科技创新体系问题与重构 [J].农业经济（1）：38-40.

曲波，熊晶晶，2020.农业科研单位开展科技推广网络直播应用探索：以四川省农业科学院为例 [J].四川农业科技（12）：75-76.

单延博，王敬根，傅反生，等，2020.新形势下基层科研单位科技服务的实践与思考：以江苏丘陵地区镇江农业科学研究所为例 [J].江苏农业科学，48（22）：324-327.

沈费伟，2019.农业科技推广服务多元协同模式研究：发达国家经验及对中国的启示 [J].经济体制改革（6）：172-178.

孙敏杰，王超，李瑞春，2019.对农业科研院所科技成果转化存在的问题及对策初探 [J].园艺与种苗（5）：76-78.

孙冉冉，2021."互联网＋"与农业技术推广的融合运用策略探究 [J].现代商贸工业，42（5）：74-75.

孙晓晴，2019.农业科技推广模式创新研究：以枣庄市峄城区为例 [D].南昌：南昌大学.

田闻笛，2016.我国农业科技推广体制的演变与现状研究 [J].东南大学学报（哲学社会科学版），18（S1）：91-93.

王丹，杜旭，郭翔宇，2021.中国省域农业科技创新能力评价与分析 [J].科技管理研究，41（1）：1-8.

王珩，王庆永，王伟然，2019.精准扶贫视域下山东省基层农业科技推广人才队伍建设研究 [J].中国农机化学报，40（11）：226-231.

王佳江，吴攸，徐世艳，等，2020.农业科研单位助力乡村振兴战略实施的实践

与思考 [J].农业科技管理，39（6）：21-23.

王宇，左停，2015.农业科技推广机构职能弱化现象研究 [J].中国科技论坛（9）：
　　127-132.

邬丽，2018.新时代视角下科技创新对农业科技推广的问题研究 [J].农家参谋
　　（15）：35，44.

吴娱，2019.农业科技推广中的媒体应用研究 [D].长沙：湖南农业大学.

吴云良，江蛟，徐胜，等，2021.农业科研单位专职科技服务队伍建设与管理机
　　制研究：以江苏省农业科学院为例 [J].农业科技管理，40（1）：82-84，89.

肖蕾，2018.我国农业科技推广发展对策研究 [J].南方农机，49（19）：99.

谢新玲，2019.现代农业科技推广体系发展的策略分析 [J].吉林农业（13）：36.

信丽媛，张大亮，王丽娟，等，2019.京津冀省级农业科研院所协同创新的运行
　　机制分析 [J].农业科技管理，38（2）：10-12.

邢鹏，2020.乡村振兴背景下完善农业科技推广机制研究 [J].农业经济（10）：
　　32-33.

熊鹏，徐琳杰，焦悦，等，2018.美国农业科技创新和推广体系建设的启示 [J].
　　中国农业科技导报，20（10）：15-20.

徐海斌，赵桂东，骆飞，等，2020.地区级农业科研院所科技成果转化实践与思
　　考：以江苏徐淮地区淮阴农业科学研究所为例 [J].江苏农业科学，48（14）：
　　321-323，332.

许爱萍，雷盯函，2016.科技创新与推广深度融合下的视角农业技术推广路径研
　　究 [J].世界农业（8）：4-9.

许秀梅，张霞，孙瑜，2021.创新价值链视角下现代农业科技创新能力的提升机
　　理与协同策略 [J].改革与战略，37（1）：73-81.

颜振荣，2019.现代农业科技推广体系发展策略研究 [J].种子科技，37（12）：150.

杨刚，2019.新阶段我国基层农业科技推广服务模式分析 [J].乡村科技（24）：
　　67-68.

杨军，池敏青，2019.省级农业科研院所科技扶贫模式研究与思考：以福建省农
　　业科学院为例 [J].科学管理研究，37（1）：51-54.

杨丽娟，乔露娇，张正群，2018.我国农业科研人员参与农业技术推广研究综述

[J].农技服务，35（6）：107-110.

杨雅莉，2019.福建省农业推广管理体制运行现状及变革研究 [D].福州：福建农林大学.

杨勇福，骆艺，黄洁容，等，2020.农业科研院所科技创新评价体系的构建：以广东省农业科学院为例 [J].科技管理研究，40（13）：136-141.

叶茂林，胡泽中，梁诗华，等，2021."互联网＋大学农技推广"服务体系新途径探索：以华南农业大学为例 [J].农业科技管理，40（1）：66-69.

袁明达，朱敏，2015.国内农业技术推广体系研究述评与展望 [J].技术经济与管理研究（4）：104-108.

张萌，付长亮，2021.我国农技推广高效协同创新研究：基于机制视角 [J].中国农机化学报，42（1）：219-224.

张睿，2017.基于科技推广项目的现代农业服务模式实践与探索：以辽宁省农科院为例 [J].农业经济（8）：15-16.

张舜，2019.农业科技成果转化的制约因素及对策分析 [J].农业科研经济管理（2）：7-10，16.

张晓雯，眭海霞，2015.现代农业科技服务体系创新实践与思考：以成都市为例 [J].农村经济（12）：89-93.

张振华，孙加祥，2020.浅议农业科研院所青年科研人员培养的实践探索：以江苏省农业科学院植物保护研究所为例 [J].农业科技管理，39（5）：76-79.

赵永胜，侯小军，2020.浅析我国基层农业技术推广现状与发展 [J].现代农业（11）：69.

周旸晖，王成，欧阳武清，2019.新型农业科技推广模式实践探讨 [J].南方农业，13（14）：95-96.

邹璠，徐雪高，2021.农业科技服务体系建设的国际经验及相关启示：以美国、日本为例 [J].世界农业（2）：54-61，119，132.